Mathematische Formeln Gymnasium

mit Tabellen und physikalischen Größen

von
Klaus Ulshöfer

Bayerischer Schulbuch Verlag

© 2000 Bayerischer Schulbuch Verlag GmbH, München
www.oldenbourg-bsv.de

2. Auflage 2002   RE
Druck   06   05   04   03   02
Die letzte Zahl bezeichnet das Jahr des Drucks.
Alle Drucke dieser und der vorhergehenden Auflage sind untereinander unverändert und im Unterricht nebeneinander verwendbar.

Umschlagkonzept: Lutz Siebert
Herstellung: Heiko Jegodtka
Satz und Druck: Tutte Druckerei GmbH, Salzweg/Passau

ISBN 3-7627-3965-X

Elementarmathematik

■ Allgemeines

$=$	gleich	$\ll$	sehr klein gegen
$:=$	nach Definition gleich	$\gg$	sehr groß gegen
$\neq$	ungleich, nicht gleich	$\parallel$	parallel zu
$\sim$	proportional	$\perp$	orthogonal zu, senkrecht zu, rechtwinklig zu
$\approx$	ungefähr gleich, rund, nahezu gleich	$\cong$	kongruent
$\hat{=}$	entspricht	$\sim$	ähnlich
$<$	kleiner als	AB	Gerade A, B; Verbindungsgerade von A und B
$>$	größer als		
$\leq$	kleiner oder gleich, höchstens gleich (auch $\leqq$)	$[AB]$	Strecke A, B; Strecke von A nach B; auch $\overline{AB}$
$\geq$	größer oder gleich, mindestens gleich (auch $\geqq$)	$\overline{AB}$	Länge der Strecke [AB], auch $|AB|$
		$d(A, B)$	Abstand (Distanz) von A und B
$\bigwedge\limits_{x \in M}$	für alle x aus M gilt	$\bigvee\limits_{x \in M}$	es gibt (mindestens) ein x aus M, für das gilt

_____ Zahlenmengen (Standardmengen) _____

$\mathbb{N}$	$= \{0; 1; 2; 3; \ldots\}$	Menge der natürlichen Zahlen mit der Zahl 0 (früher $\mathbb{N}_0$)
$\mathbb{N}^*$	$= \mathbb{N} \setminus \{0\} = \{1; 2; 3; \ldots\}$	Teilmenge aller Zahlen $n \in \mathbb{N}$ ohne die Zahl 0 (früher $\mathbb{N}$)
$\mathbb{Z}$	$= \{\ldots; -2; -1; 0; 1; 2; \ldots\}$	Menge der ganzen Zahlen
$\mathbb{Z}^*$	$= \{\ldots; -2; -1; 1; 2; \ldots\} = \mathbb{Z} \setminus \{0\}$	Teilmenge aller Zahlen aus $\mathbb{Z}$ ohne die Zahl 0
$\mathbb{Q}$	$= \left\{\frac{z}{n} \mid z, n \in \mathbb{Z}, n \neq 0; z, n \text{ teilerfremd}\right\}$	Menge der rationalen Zahlen
$\mathbb{R}$	$= \{x \mid x = \lim\limits_{n \to \infty} q_n; q_n \in \mathbb{Q}\}$	Menge der reellen Zahlen
$\mathbb{R}^*$	$= \mathbb{R} \setminus \{0\}$	Teilmenge aller Zahlen aus $\mathbb{R}$ ohne die Zahl 0
$\mathbb{R}^*_+$	$= \{x \mid x > 0 \text{ und } x \in \mathbb{R}\}$	Teilmenge der positiven Zahlen aus $\mathbb{R}$ (auch $\mathbb{R}^+$)
$\mathbb{R}_+$	$= \{x \mid x \geq 0 \text{ und } x \in \mathbb{R}\}$	Teilmenge der nicht negativen Zahlen aus $\mathbb{R}$ (auch $\mathbb{R}^+_0$)
$\mathbb{R}^*_-$	$= \{x \mid x < 0 \text{ und } x \in \mathbb{R}\}$	Teilmenge der negativen Zahlen aus $\mathbb{R}$ (auch $\mathbb{R}^-$)

$\mathbb{R} \times \mathbb{R} = \{(x, y) \mid x \in \mathbb{R} \text{ und } y \in \mathbb{R}\}$	Menge der geordneten Paare reeller Zahlen (das „kartesische Produkt $\mathbb{R}$ Kreuz $\mathbb{R}$")
$\mathbb{R} \times \mathbb{R} \times \cdots \times \mathbb{R} = \mathbb{R}^n$	Menge der geordneten n-Tupel reeller Zahlen
$\mathbb{C} = \{a + bi \mid a, b \in \mathbb{R}; i^2 = -1\}$	Menge der komplexen Zahlen

■ Rechnen

Grundrechenoperationen

Rechenoperation	Ordnung	Verknüpfung	Zahl a heißt	Zahl b heißt	Zahl c heißt
Addition	1.	$a + b = c$	Summand	Summand	Summe
Subtraktion	1.	$a - b = c$	Minuend	Subtrahend	Differenz
Multiplikation	2.	$a \cdot b = c$	erster Faktor (Multiplikand)	zweiter Faktor (Multiplikator)	Produkt
Division	2.	$a : b = c; b \neq 0$	Dividend	Divisor	Quotient
Potenzierung	3.	$a^b = c$	Basis	Exponent	Potenz
Radizierung	3.	$\sqrt[b]{a} = c$	Radikand	Exponent	Wurzel
Logarithmierung	3.	$\log_b a = c$	Numerus	Basis	Logarithmus

Bruchrechnen

$$a, b, c, d \in \mathbb{Z} \quad \bullet \quad \text{Nenner} \neq \text{Null}$$

■ Bruch: $\dfrac{a}{b}$, a heißt *Zähler*, b heißt *Nenner*;

$\dfrac{b}{a}$ heißt *Kehrbruch* (reziproker Bruch) zu $\dfrac{a}{b}$. Es ist $\dfrac{a}{b} \cdot \dfrac{b}{a} = 1$.

■ Gleichheit: $\dfrac{a}{b} = \dfrac{c}{d} \Leftrightarrow a : b = c : d \Leftrightarrow a \cdot d = b \cdot c$

$\dfrac{a}{b} = \dfrac{c}{d} \Leftrightarrow$ Es gibt ein $k \neq 0$ mit $a = k \cdot c$ und $b = k \cdot d$.

■ Erweitern: $\dfrac{a}{b} = \dfrac{a \cdot k}{b \cdot k}$ für $k \neq 0$ ■ Kürzen: $\dfrac{a}{b} = \dfrac{a : k}{b : k}$ für $k \neq 0$

■ Addition und Subtraktion

gleichnamiger Brüche: $\dfrac{a}{b} + \dfrac{c}{b} = \dfrac{a + c}{b}$ ungleichnamiger Brüche: $\dfrac{a}{b} + \dfrac{c}{d} = \dfrac{ad + bc}{bd}$

$\dfrac{a}{b} - \dfrac{c}{b} = \dfrac{a - c}{b}$ $\dfrac{a}{b} - \dfrac{c}{d} = \dfrac{ad - bc}{bd}$

■ Multiplikation: $\dfrac{a}{b} \cdot \dfrac{c}{d} = \dfrac{a \cdot c}{b \cdot d} = \dfrac{ac}{bd}$ ■ Division: $\dfrac{a}{b} : \dfrac{c}{d} = \dfrac{a}{b} \cdot \dfrac{d}{c} = \dfrac{a \cdot d}{b \cdot c} = \dfrac{ad}{bc}$

Mittelwerte von *a* und *b*

- Arithmetisches Mittel: $m_a = \dfrac{a+b}{2}$

- Geometrisches Mittel: $m_g = \sqrt{a \cdot b}$ für $a \geq 0$, $b \geq 0$

- Harmonisches Mittel: $m_h = \dfrac{2}{\dfrac{1}{a} + \dfrac{1}{b}} = \dfrac{2ab}{a+b}$ für $a \neq -b$

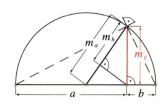

Es ist $m_h \leq m_g \leq m_a$.

Endliche Folgen und Reihen

Arithmetische Folgen und Reihen

a_1 Anfangsglied ● a_n Endglied ● a_k k-tes Glied ● d Differenz
n Anzahl der Glieder ● s_n Summe der ersten n Glieder

- Endliche Folge:
$a_1,\quad a_2 = a_1 + d,\quad a_3 = a_1 + 2d,\ \ldots,\quad a_k = a_1 + (k-1)d,\ \ldots,\quad a_n = a_1 + (n-1)d.$
Die Differenz d zweier aufeinander folgender Glieder ist konstant.

- Summe der ersten n Glieder:
$$s_n = a_1 + a_2 + a_3 + \ldots + a_n = \sum_{i=1}^{n} a_i = \frac{n}{2}(a_1 + a_n) = \frac{n}{2}[2a_1 + (n-1)d]$$

Geometrische Folgen und Reihen

g_1 Anfangsglied ● g_n Endglied ● g_k k-tes Glied ● q Quotient
n Anzahl der Glieder ● s_n Summe der ersten n Glieder

- Endliche Folge: $g_1,\quad g_2 = g_1 q,\quad g_3 = g_1 q^2,\ldots,\quad g_k = g_1 q^{k-1},\ldots,\quad g_n = g_1 q^{n-1}.$

  Der Quotient q zweier aufeinanderfolgender Glieder ist konstant: $q = \dfrac{g_k}{g_{k-1}} = \dfrac{g_{k+1}}{g_k}$ für $1 < k < n$.

- Summe der ersten n Glieder: $s_n = g_1 + g_2 + g_3 + \ldots + g_n = \displaystyle\sum_{k=1}^{n} g_k = g_1\,\dfrac{q^n - 1}{q - 1} = g_1\,\dfrac{1 - q^n}{1 - q}$ für $q \neq 1$.

Unendliche geometrische Reihe

$g_1 + g_1 q + g_1 q^2 + \ldots + g_1 q^{n-1} + \ldots = \displaystyle\lim_{n \to \infty} s_n = \dfrac{g_1}{1 - q}$ für $|q| < 1$.

Potenzsummen

$$1 + 2 + \ldots + n = \frac{n(n+1)}{2} \qquad\qquad 1^2 + 2^2 + \ldots + n^2 = \frac{n(n+1)(2n+1)}{6}$$

$$1^3 + 2^3 + \ldots + n^3 = \frac{n^2(n+1)^2}{4} \qquad\qquad 1^4 + 2^4 + \ldots + n^4 = \frac{n(n+1)(2n+1)(3n^2 + 3n - 1)}{30}$$

$$1^5 + 2^5 + \ldots + n^5 = \frac{n^2(n+1)^2(2n^2 + 2n - 1)}{12}$$

---------- **Prozentrechnung** ----------

$$p\,\% \text{ (vom Hundert)} = \frac{p}{100} \text{ des Grundwertes} \quad \bullet \quad \text{Prozentwert } W$$

$$\text{Prozentsatz } p\,\% \quad \bullet \quad \text{Grundwert } G$$

Lösungsansatz: $G : W = 100 : p$ $\qquad$ Prozentwert $W = \dfrac{G \cdot p}{100} = \dfrac{p}{100} \cdot G$

---------- **Zinsrechnung** ----------

$$\text{Jahreszinssatz } p\,\% = \frac{p}{100} \text{ des Kapitals} \quad \bullet \quad \text{Kapital } K \quad \bullet \quad \text{Jahreszinsen } z \quad \bullet \quad \text{Anzahl der Jahre } n$$

$$m \text{ Anzahl der Monate} \quad \bullet \quad t \text{ Anzahl der Tage}$$

■ Jahreszinsen $z = \dfrac{K \cdot n \cdot p}{100}$; $\quad$ Zinszahl $\dfrac{K \cdot t}{100}$; $\quad$ Zinsteiler $\dfrac{360}{p}$

■ Monatszinsen $z_m = \dfrac{K \cdot m \cdot p}{1200}$ $\qquad$ ■ Tageszinsen $z_t = \dfrac{\text{Zinszahl}}{\text{Zinsteiler}} = \dfrac{K \cdot t \cdot p}{36\,000}$

Zinseszinsrechnung

$$\text{Jahreszinssatz } p\,\% \quad \bullet \quad \text{Zinsfaktor } q = 1 + 0{,}01\,p = 1 + \frac{p}{100}$$

$$\bullet \quad \text{Anzahl der Jahre } n$$

■ Endwert K_n des Anfangskapitals K_0 nach n Jahren: $K_n = K_0 \cdot q^n$; $\quad n = \dfrac{\lg K_n - \lg K_0}{\lg q}$

Rentenrechnung

$$\text{Jahreszinssatz } p\,\% \quad \bullet \quad \text{Zinsfaktor } q = 1 + 0{,}01\,p = 1 + \frac{p}{100}$$

$$\text{Anzahl der Jahre } n \quad \bullet \quad \text{Jahresrate } r$$

■ *Endwert K_n* bei regelmäßigen Zahlungen der Jahresrate r am Jahresende (nachschüssige Zahlungsweise):

$$K_n = \frac{r(q^n - 1)}{q - 1}$$

■ *Barwert B_n* der Zusage, n-mal die Jahresrate r am Jahresende zu zahlen (nachschüssige Zahlungsweise):

$$B_n = \frac{r(q^n - 1)}{q^n(q - 1)}$$

■ *Endwert K_n* bei regelmäßigen Zahlungen der Jahresrate r am Jahresanfang (vorschüssige Zahlungsweise):

$$K_n = \frac{rq(q^n - 1)}{q - 1}$$

■ *Barwert B_n* der Zusage, n-mal die Jahresrate r am Jahresanfang zu zahlen (vorschüssige Zahlungsweise):

$$B_n = \frac{rq(q^n - 1)}{q^n(q - 1)}$$

Schuldentilgung

Jährliche *Tilgungsrate* (Annuität) r_n zur Tilgung einer Schuld (eines Darlehens) A in n Jahren bei einem Jahreszinssatz von $p\,\%$, somit dem Zinsfaktor $q = 1 + 0{,}01\,p$ und (üblicher) nachschüssiger Zahlungsweise:

$$r_n = A \cdot \frac{q^n(q - 1)}{q^n - 1}$$

Algebra

Rechengesetze

Für alle (nicht notwendig verschiedenen) Zahlen a, b, c gelten:

	Addition	Multiplikation
Kommutativgesetze (Vertauschungsgesetze)	$a + b = b + a$	$a \cdot b = b \cdot a$
Assoziativgesetze (Verbindungsgesetze)	$a + (b + c) = (a + b) + c$	$a \cdot (b \cdot c) = (a \cdot b) \cdot c$
Distributivgesetz (Verteilungsgesetz)		$a \cdot (b + c) = a \cdot b + a \cdot c$
Neutrale Elemente 0 und 1	$a + 0 = 0 + a = a$	$a \cdot 1 = 1 \cdot a = a$
Inverse Elemente	$a + (-a) = a - a = 0$	$a \cdot \dfrac{1}{a} = 1$ für $a \neq 0$
Multiplikative Eigenschaft der Zahl 0		$a \cdot 0 = 0 \cdot a = 0$

Gesetze der Anordnung

Für alle $a, b, c \in \mathbb{R}$ gilt: Ist $a < b$ und $b < c$, so ist auch $a < c$. (Transitivität)

- *Monotoniegesetz* der Addition
  Ist $a < b$, so gilt für jede Zahl c
  $a + c < b + c$.

- *Monotoniegesetz* der Multiplikation
  Ist $a < b$ und $c > 0$, so gilt $ac < bc$,
  ist $a < b$ und $c < 0$, so gilt $ac > bc$.

- *Rationale Zahlen* können durch einen Bruch $\dfrac{z}{n}$ mit $z \in \mathbb{Z}$ und $n \in \mathbb{Z} \setminus \{0\}$ (als Repräsentanten) angegeben werden. Dezimaldarstellungen von rationalen Zahlen sind stets abbrechend oder periodisch. $\dfrac{z}{n}$ hat eine Dezimaldarstellung, deren Periode höchstens die Länge $n - 1$ besitzt.

- *Irrationale Zahlen* können nicht durch einen Bruch $\dfrac{z}{n}$ mit $z \in \mathbb{Z}$ und $n \in \mathbb{Z} \setminus \{0\}$ angegeben werden.
  Irrationale Zahlen haben unendliche, nicht-periodische Dezimaldarstellungen
  (Beispiele: $\sqrt{2}$, e, π, …).
  Eine *reelle Zahl* ist entweder rational oder irrational.

Eine ganze Zahl t heißt *Teiler* der ganzen Zahl z, wenn es eine ganze Zahl k mit $z = k \cdot t$ gibt. k heißt der *Komplementärteiler* von t bezüglich z. Die Zahl z heißt ein *Vielfaches* von t.

Jede von 0; 1 und -1 verschiedene ganze Zahl p, die außer den vier Teilern ± 1 und $\pm p$ keine weiteren Teiler besitzt, heißt eine *Primzahl*. (Oft werden nur natürliche Zahlen zugrunde gelegt.)

Jede von 0 und ± 1 und den Primzahlen verschiedene Zahl heißt *zusammengesetzt*.

Jede natürliche Zahl $n > 1$ lässt sich (abgesehen von der Reihenfolge der Faktoren) auf eine und nur eine Weise als Produkt positiver Primzahlen darstellen (*Primfaktorzerlegung*).

Termumformungen

Binomische Formeln

$(a+b)^2 = a^2 + 2ab + b^2$

$(a-b)^2 = a^2 - 2ab + b^2$

$a^2 + b^2 = (|a| + |b| + \sqrt{2|ab|})(|a| + |b| - \sqrt{2|ab|})$

$a^2 + b^2$ ist in $\mathbb{R}$ nicht in Linearfaktoren zerlegbar.

$a^2 - b^2 = (a+b)(a-b)$

Zur Zerlegung in Faktoren

$ab + ac - ad = a(b + c - d)$

$a^2 - b^2 = (a+b)(a-b)$

$a^2 \pm 2ab + b^2 = (a \pm b)^2$

$x^2 - (a+b)x + ab = (x-a)(x-b)$

Weitere Formeln

$(a+b)^3 = a^3 + 3a^2b + 3ab^2 + b^3$

$(a-b)^3 = a^3 - 3a^2b + 3ab^2 - b^3$

$(a+b)^4 = a^4 + 4a^3b + 6a^2b^2 + 4ab^3 + b^4$

$a^3 + b^3 = (a+b)(a^2 - ab + b^2)$

$a^3 - b^3 = (a-b)(a^2 + ab + b^2)$

$(a-b)^4 = a^4 - 4a^3b + 6a^2b^2 - 4ab^3 + b^4$

Potenzen und Wurzeln

x^n n-te Potenz ● x Basis ● n Exponent bzw. Potenzexponent

$\sqrt[n]{x}$ n-te Wurzel ● x Radikand ● n Exponent bzw. Wurzelexponent

Definitionen: $x^n := x \cdot x \cdot \ldots \cdot x = x \cdot x^{n-1}$ $(x \in \mathbb{R}; n \in \mathbb{N}; n \geq 2)$;

$x^1 := x$; $x^0 := 1$; $0^0 := 1$.

$\sqrt[n]{x}$ ist für $n \in \mathbb{N}^*$ und $x \geq 0$ die eindeutig bestimmte, nicht-negative reelle Zahl, deren n-te Potenz x ist: $y = \sqrt[n]{x} \Leftrightarrow y^n = x$.

$\sqrt{x}$ ist für $x \geq 0$ die eindeutig bestimmte, nicht-negative reelle Zahl, deren Quadrat x ist: $(\sqrt{x})^2 = x$ für $x \geq 0$;

$\sqrt{x^2} = |x|$ für alle $x \in \mathbb{R}$.

Monotoniegesetze: Wenn $0 < u < v$, dann $u^n < v^n$ und $\sqrt[n]{u} < \sqrt[n]{v}$.

Quadratsummen: Für alle $u, v \in \mathbb{R}$ ist $u^2 + v^2 \geq 0$ und aus $u^2 + v^2 = 0$ folgt $u = v = 0$.

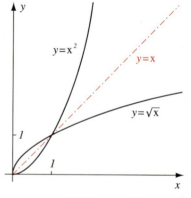

Potenzgesetze

$m, n \in \mathbb{Z}$; $u, v, x \in \mathbb{R} \setminus \{0\}$.
Die Potenzgesetze gelten auch
für $m, n \in \mathbb{R}$; $u, v, x \in \mathbb{R}_+^*$.

$x^m \cdot x^n = x^{m+n}$; $x^m : x^n = x^{m-n}$

$u^n \cdot v^n = (uv)^n$; $u^n : v^n = \left(\dfrac{u}{v}\right)^n$

$(x^m)^n = x^{mn} = (x^n)^m$

$x^n = \dfrac{1}{x^{-n}}$; $x^{-n} = \dfrac{1}{x^n}$; $\left(\dfrac{u}{v}\right)^n = \left(\dfrac{v}{u}\right)^{-n}$

$n \in \mathbb{N}^*, n \geq 2$; $x \in \mathbb{R}_+^*$

$x^{\frac{1}{n}} = \sqrt[n]{x}$

$x^{\frac{m}{n}} = \sqrt[n]{x^m}$

$x^{-\frac{m}{n}} = \dfrac{1}{\sqrt[n]{x^m}}$

Wurzelgesetze

$m, n, k \in \mathbb{N}^*$; $u, v, x \in \mathbb{R}_+^*$

$\sqrt[n]{u} \cdot \sqrt[n]{v} = \sqrt[n]{u \cdot v}$

$\sqrt[n]{u} : \sqrt[n]{v} = \sqrt[n]{u : v}$ für $v \neq 0$

$\sqrt[m]{\sqrt[n]{x}} = \sqrt[mn]{x} = \sqrt[n]{\sqrt[m]{x}}$

$\sqrt[n]{x^m} = \left(\sqrt[n]{x}\right)^m$

$\sqrt[n]{x^m} = \sqrt[n \cdot k]{x^{m \cdot k}}$

Es ist $x = \sqrt{x^2}$ für $x \geq 0$, **aber** $x = -\sqrt{x^2}$ für $x \leq 0$.

Logarithmen

x Numerus ● b Basis ● y Logarithmus von x zur Basis b

$\log_{10} x = \lg x$ ● $\log_2 x = \operatorname{lb} x$ ● $\log_e x = \ln x$ ● $e \approx 2{,}718281828$

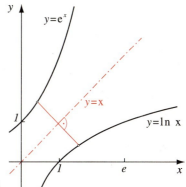

Definition: $y = \log_b x \Leftrightarrow b^y = x \quad (b \in \mathbb{R}_+^* \setminus \{1\};\ x \in \mathbb{R}_+^*)$

$\log_b x$ ist die eindeutig bestimmte reelle Zahl, mit der man b potenzieren muss, um x zu erhalten: $b^{\log_b x} = x$.

Gesetze $\hspace{4em} u, v \in \mathbb{R}_+^* \ \bullet\ r \in \mathbb{R}$

$\log_b(u \cdot v) = \log_b u + \log_b v; \quad \log_b \dfrac{u}{v} = \log_b u - \log_b v$

$\log_b(u^r) = r \cdot \log_b u; \quad \log_b \sqrt[n]{u} = \dfrac{1}{n} \cdot \log_b u; \quad \log_b \dfrac{u}{v} = -\log_b \dfrac{v}{u}$

$b^{\log_b x} = x; \quad \log_b b = 1; \quad \log_b 1 = 0; \quad \log_b(b^n) = n$

$e^{\ln x} = x; \quad \ln e = 1; \quad \ln 1 = 0; \quad \ln(e^n) = n$

Basiswechsel mithilfe von $\log_b x = \log_b c \cdot \log_c x$ für $b, c \in \mathbb{R}_+^* \setminus \{1\}$.

Monotoniegesetze

Wenn $0 < u < v$, dann $\log_b u < \log_b v$, falls $b > 1$;

wenn $0 < u < v$, dann $\log_b u > \log_b v$, falls $b < 1$.

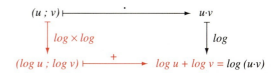

Grundbegriffe der Gleichungslehre

■ *Terme* werden über einer *Grundmenge G* ($\mathbb{N}$, $\mathbb{Z}$, $\mathbb{Q}$, $\mathbb{R}$, $\mathbb{R} \times \mathbb{R}$, $\mathbb{C}$, ...) gebildet. So bezeichnet beispielsweise ein Term über $\mathbb{R}$ entweder eine reelle Zahl oder er enthält eine Variable und bezeichnet dann nach einer Ersetzung der Variablen durch eine reelle Zahl in mindestens einem Fall eine reelle Zahl. Sind T_l und T_r Terme über der gleichen Grundmenge G, so heißt $T_l = T_r$ eine Gleichung bezüglich der *Grundmenge G*. Die Terme können Variablen enthalten.

■ Diejenigen Elemente der Grundmenge G einer Gleichung $T_l = T_r$, nach deren Einsetzung für die Variablen die Gleichung eine Aussage ist, bilden die *Definitionsmenge D*.

■ Diejenigen Elemente der Grundmenge G einer Gleichung $T_l = T_r$, nach deren Einsetzung für die Variablen die Gleichung eine wahre Aussage ist, bilden die *Lösungsmenge* (Erfüllungsmenge) L.

■ Eine Gleichung heißt bezüglich der Grundmenge G

allgemeingültig, $\hspace{4em}$ wenn $L = G$;

lösbar (erfüllbar), $\hspace{3.5em}$ wenn $L \subseteq G$ und $L \neq \emptyset$;

unlösbar (nicht erfüllbar), wenn $L = \emptyset$.

■ Zwei Gleichungen A_1 und A_2 heißen bezüglich einer Grundmenge G (zueinander) äquivalent, wenn sie die gleiche Lösungsmenge L besitzen.

Man schreibt $A_1 \overset{G}{\Leftrightarrow} A_2$ oder kurz $A_1 \Leftrightarrow A_2$. Gelesen: „A_1 ist bezüglich G äquivalent A_2".

■ Eine Umformung, durch welche eine Gleichung A_1 durch eine zu ihr äquivalente Gleichung A_2 ersetzt wird, heißt *Äquivalenzumformung*.

■ Multipliziert (dividiert) man beide Seiten einer Gleichung $T_l = T_r$ mit demselben (durch denselben) Term T, der für die gesamte Definitionsmenge D von $T_l = T_r$ erklärt ist, so ändert sich die Lösungsmenge L nur dann sicher nicht, wenn T bei keiner Belegung seiner Variablen mit Elementen von D den Wert 0 annimmt.

■ Werden zwei lineare Gleichungen mit zwei Variablen konjunktiv (durch „und") verknüpft, so entsteht ein lineares Gleichungssystem $\begin{array}{l} ax + by = c \\ dx + ey = f \end{array}$ bezüglich der Grundmenge $\mathbb{R} \times \mathbb{R}$.

■ Lösungsverfahren sind das Additionsverfahren, das Einsetzungsverfahren und das Gleichsetzungsverfahren.

■ *Determinanten* des Gleichungssystems: $D = ae - bd$; $D_1 = ce - bf$; $D_2 = af - cd$

    1. Fall: $D \neq 0$.

       Die Lösungsmenge hat ein Element: $L = \left\{ \left(\dfrac{D_1}{D} ; \dfrac{D_2}{D} \right) \right\} = \left\{ \left(\dfrac{ce - bf}{ae - bd} ; \dfrac{af - cd}{ae - bd} \right) \right\}$.

    2. Fall: $D = 0$, $D_1 \neq 0$ oder $D_2 \neq 0$.

       Das Gleichungssystem ist unerfüllbar (beide Gleichungen widersprechen einander), $L = \emptyset$.

    3. Fall: $D = 0$, $D_1 = 0$ und $D_2 = 0$.

       Die Lösungsmenge hat unendlich viele Elemente (beide Gleichungen sind zueinander äquivalent), $L = \{(x; y) \mid ax + by = c$ und $x, y \in \mathbb{R}\}$.

──────────────── **Determinanten** ────────────────

Zweireihige Determinante

$$D = \begin{vmatrix} a_{11} & a_{12} \\ a_{21} & a_{22} \end{vmatrix} = a_{11}a_{22} - a_{12}a_{21} \qquad \text{Matrizenschreibweise: } D = \det A = |A| \text{ mit } A = \begin{pmatrix} a_{11} & a_{12} \\ a_{21} & a_{22} \end{pmatrix}$$

Eine *dreireihige* Determinante kann beispielsweise nach den Elementen der 1. Spalte entwickelt werden:

$$D = \begin{vmatrix} a_{11} & a_{12} & a_{13} \\ a_{21} & a_{22} & a_{23} \\ a_{31} & a_{32} & a_{33} \end{vmatrix} = a_{11} \begin{vmatrix} a_{22} & a_{23} \\ a_{32} & a_{33} \end{vmatrix} - a_{21} \begin{vmatrix} a_{12} & a_{13} \\ a_{32} & a_{33} \end{vmatrix} + a_{31} \begin{vmatrix} a_{12} & a_{13} \\ a_{22} & a_{23} \end{vmatrix} = a_{11}A_{11} + a_{21}A_{21} + a_{31}A_{31}$$

Eine Determinante kann nach jeder Zeile und jeder Spalte entwickelt werden. *n*-reihige Determinanten werden analog bezeichnet und entwickelt: In der *i*-ten Zeile und der *k*-ten Spalte steht das Element a_{ik}. A_{ik} heißt algebraisches Komplement (Adjunkte) zu a_{ik}. Wird in der Determinante die *i*-te Zeile und die *k*-te Spalte gestrichen, so entsteht die Unterdeterminante U_{ik}. Es ist $A_{ik} = (-1)^{i+k} U_{ik}$.

Determinantensätze

1. Werden die Spalten einer Matrix A als Zeilen einer neuen Matrix geschrieben, so entsteht die *transponierte* Matrix A^{T}. Es ist $\det A = \det A^{\mathrm{T}}$.
2. Der Wert einer Determinante ändert sich nicht, wenn man zu den Elementen einer Zeile (Spalte) das *k*-fache der entsprechenden Elemente einer anderen Zeile (Spalte) addiert.
3. Eine Determinante wechselt das Vorzeichen, wenn zwei Zeilen (Spalten) vertauscht werden.
4. Eine Determinante hat den Wert 0, wenn die Elemente einer Zeile (Spalte) proportional zu den Elementen einer anderen Zeile (Spalte) sind.
5. Eine Determinante wird mit einer reellen Zahl *k* multipliziert, indem jedes Element einer einzigen Spalte (Zeile) mit *k* multipliziert wird.
6. Für das Produkt von zwei *n*-reihigen Determinanten $\det A$ und $\det B$ gilt: $\det A \cdot \det A = \det(AB)$ mit der Produktmatrix AB.

Allgemeine Form

$ax^2 + bx + c = 0$ mit $a \neq 0$

Normierte Form

$x^2 + px + q = 0$

Bezüglich der Grundmenge $\mathbb{C}$ ergibt sich die Lösungsmenge $L = \{x_1, x_2\}$ mit

$$x_{1,2} = \frac{-b \pm \sqrt{b^2 - 4ac}}{2a}$$

$$x_{1,2} = -\frac{p}{2} \pm \sqrt{\frac{p^2}{4} - q} = -\frac{p}{2} \pm \sqrt{\left(\frac{p}{2}\right)^2 - q}$$

Bezüglich der Grundmenge $\mathbb{R}$ sind drei mögliche Fälle zu unterscheiden, die durch die *Diskriminante*

$$D = b^2 - 4ac$$

$$D = \frac{p^2}{4} - q = \left(\frac{p}{2}\right)^2 - q$$

festgelegt werden:

Ist $D > 0$, dann erhält man zwei verschiedene reelle Lösungselemente (zwei Lösungen), $L = \{x_1, x_2\}$;
ist $D = 0$, dann erhält man ein reelles Lösungselement (zwei zusammenfallende Lösungen),
$L = \{x_1\} = \{x_2\}$;
ist $D < 0$, dann erhält man kein reelles Lösungselement (keine reelle Lösung), $L = \emptyset$.

Satz von Vieta

Für die Lösungselemente x_1 und x_2 gilt:

$$x_1 + x_2 = -\frac{b}{a}; \quad x_1 \cdot x_2 = \frac{c}{a}$$

$$x_1 + x_2 = -p; \quad x_1 \cdot x_2 = q$$

Zerlegung in Linearfaktoren

$$a(x - x_1)(x - x_2) = 0$$

$$(x - x_1)(x - x_2) = 0$$

—————————— Gleichungen *n*-ten Grades ——————————

■ Ein Term $P_n(x) = a_n x^n + a_{n-1} x^{n-1} + \ldots + a_2 x^2 + a_1 x + a_0$ mit $a_n \neq 0$ und reellen Koeffizienten $a_n, a_{n-1}, \ldots, a_1, a_0$ heißt ein (reelles) *Polynom n-ten Grades*.

■ **Horner'sches Schema** zur Berechnung von $P_n(x_0)$

	a_n	a_{n-1}	a_{n-2}	...	a_1	a_0
x_0	$*$	$b_n x_0$	$b_{n-1} x_0$	...	...	$b_1 x_0$
	$b_n = a_n$	$b_{n-1} = a_{n-1} + b_n x_0$	$b_{n-2} = a_{n-2} + b_{n-1} x_0$	...	b_1	$P_n(x_0)$

■ Ist $P_n(x_0) = 0$, dann ist $P_n(x) = (x - x_0)(b_n x^{n-1} + \ldots + b_2 x + b_1)$.

■ Lösungselemente der Gleichung *n*-ten Grades $a_n x^n + a_{n-1} x^{n-1} + \ldots + a_2 x^2 + a_1 x + a_0 = 0$ heißen *Nullstellen* dieses Polynoms $P_n(x)$.

■ Ist x_1 eine Nullstelle des gegebenen Polynoms $P_n(x)$, so kann $P_n(x)$ mittels *Polynomdivision* (Partialdivision) ohne Rest durch $x - x_1$ geteilt werden; es ergibt sich $P_n(x) = (x - x_1) P_{n-1}(x)$. Es ist $P_{n-1}(x) = P_n(x) : (x - x_1)$.

■ Ist x_1 auch Nullstelle von $P_{n-1}(x)$, so kann auch $P_{n-1}(x)$ ohne Rest durch $x - x_1$ dividiert werden; man erhält $P_n(x) = (x - x_1)^2 P_{n-2}(x)$.

■ Gilt $P_n(x) = (x - x_1)^k P_{n-k}(x)$ und ist x_1 keine Nullstelle von $P_{n-k}(x)$, so ist x_1 eine Nullstelle von $P_n(x)$ mit der *Vielfachheit k* (eine algebraisch *k*-fach zu zählende Nullstelle).

Satz von Vieta

Wenn die normierte Gleichung $P_n(x) = x^n + a_{n-1} x^{n-1} + \ldots + a_1 x + a_0 = 0$ die (nicht notwendig verschiedenen) Lösungselemente $x_1, x_2, \ldots, x_n$ hat, dann ist $P_n(x) = (x - x_1)(x - x_2) \ldots (x - x_n)$ und es bestehen folgende Beziehungen:

$$x_1 + x_2 + \ldots + x_{n-1} + x_n = -a_{n-1};\ x_1 x_2 + x_1 x_3 + \ldots + x_{n-1} x_n = a_{n-2};\ \ldots;\ x_1 \cdot x_2 \cdot \ldots \cdot x_{n-1} \cdot x_n = (-1)^n a_0.$$

Fundamentalsatz der Algebra

Jedes Polynom n-ten Grades hat über dem Körper der komplexen Zahlen genau n Nullstellen, wobei diese mit ihrer Vielfachheit zu zählen (und auch komplexe Koeffizienten im Polynom zugelassen) sind.

Polynome mit reellen Koeffizienten

Besitzt ein reelles Polynom eine komplexe Nullstelle $x_1 = u_1 + iv_1$, dann ist auch die konjugiert komplexe Zahl $\bar{x}_1 = u_1 - iv_1$ Nullstelle dieses Polynoms.

Reelle Polynome von ungeradem Grad haben mindestens eine reelle Nullstelle; es gibt reelle Polynome von geradem Grad, die keine reelle Nullstelle besitzen.

Polynome mit ganzzahligen Koeffizienten

Hat ein Polynom $P_n(x) = a_n x^n + a_{n-1} x^{n-1} + \ldots + a_1 x + a_0$ nur ganzzahlige Koeffizienten, so ist jede denkbare ganzzahlige Nullstelle ein (positiver oder negativer) Teiler von a_0.

Komplexe Zahlen

Normalform: $z = a + bi$ mit $a, b \in \mathbb{R};\ i^2 = -1$

$a = \operatorname{Re} z$ (Realteil von z),

$b = \operatorname{Im} z$ (Imaginärteil von z)

Polarform: $z = r(\cos \varphi + i \cdot \sin \varphi)$ mit $r \in \mathbb{R}$, $r \geq 0$, $0 \leq \varphi < 2\pi$

$r = |z|$ heißt Betrag von z; φ heißt Argument von z.

Exponentialform: $z = r e^{i\varphi}$ mit $e^{i\varphi} = \cos \varphi + i \cdot \sin \varphi$ (φ Bogenmaß)

Zusammenhänge: $r = +\sqrt{a^2 + b^2}$; $\quad \tan \varphi = \dfrac{b}{a}$, $\cos \varphi = \dfrac{a}{r}$, $\sin \varphi = \dfrac{b}{r}$

(φ ist unendlich vieldeutig, Hauptwert $0 \leq \varphi < 2\pi$)

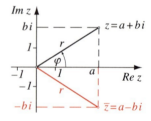

Rechenoperationen (Verknüpfungen)

$$z_1 + z_2 = (a_1 + b_1 i) + (a_2 + b_2 i) = a_1 + a_2 + (b_1 + b_2)i$$
$$= r_1 \cos \varphi_1 + r_2 \cos \varphi_2 + (r_1 \sin \varphi_1 + r_2 \sin \varphi_2)i$$

$$z_1 \cdot z_2 = (a_1 a_2 - b_1 b_2) + (a_1 b_2 + a_2 b_1)i$$
$$= r_1 r_2 [\cos(\varphi_1 + \varphi_2) + i \cdot \sin(\varphi_1 + \varphi_2)] = r_1 r_2 e^{i\omega} \text{ mit } \omega = \varphi_1 + \varphi_2.$$

$(\mathbb{C}, +, \cdot)$ ist ein Körper; $0 + 0i$ ist neutrales Element bezüglich der Addition, $1 + 0i$ ist neutrales Element bezüglich der Multiplikation.

$z = a + bi$ und $\bar{z} = a - bi$ heißen (zueinander) *konjugiert komplexe Zahlen.*

$\overline{z + w} = \bar{z} + \bar{w};\quad \overline{z \cdot w} = \bar{z} \cdot \bar{w};\quad z + \bar{z} = 2 \cdot \operatorname{Re} z;\quad z - \bar{z} = 2i \cdot \operatorname{Im} z$

$z \cdot \bar{z} = (a + bi)(a - bi) = a^2 + b^2 = |z|^2 = r^2;\quad z\bar{z} = r^2 \geq 0$ für alle $z \in \mathbb{C}$

$z^n = [r(\cos \varphi + i \cdot \sin \varphi)]^n = r^n(\cos n\varphi + i \cdot \sin n\varphi)$ \quad (Formel von Moivre)

$$\sqrt[n]{z} = \sqrt[n]{r(\cos \varphi + i \cdot \sin \varphi)} = \sqrt[n]{r}\left(\cos \frac{\varphi + 2\pi k}{n} + i \cdot \sin \frac{\varphi + 2\pi k}{n}\right) \quad (k = 0, 1, \ldots, n-1;\ n\text{-deutig})$$

■ Planimetrie (Berechnung ebener Figuren)

-- **Winkel** --

Bezeichnung orientierter Winkel

Wird die Halbgerade a im positiven Drehsinn (entgegen
dem Uhrzeigersinn) in die Halbgerade b gedreht,
dann überstreicht a den orientierten
Winkel $\not\prec (a, b) = \not\prec ASB$ der Größe α.

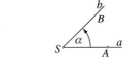

Winkel zwischen zwei sich schneidenden Geraden

Die Größen von *Nebenwinkeln* ergänzen sich zu $180°$:
$$\alpha + \beta = \beta + \gamma = \gamma + \delta = \delta + \alpha = 180°$$
Scheitelwinkel sind gleich groß: $\alpha = \gamma$, $\beta = \delta$.

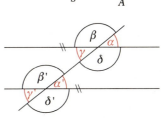

Winkel an geschnittenen Parallelen

Stufenwinkel an Parallelen sind gleich groß: $\alpha = \alpha'$, $\beta = \beta'$, $\gamma = \gamma'$, $\delta = \delta'$

Wechselwinkel an Parallelen sind gleich groß: $\alpha = \gamma'$, $\beta = \delta'$, $\gamma = \alpha'$, $\delta = \beta'$

---------------------------- **Bezeichnungen am allgemeinen Dreieck** ----------------------------

Im $\triangle ABC$ mit den Eckpunkten A, B und C hat die Seite $[AB]$ (Strecke, Punktmenge) die Länge
c (Größe). Sind keine Verwechslungen zu erwarten, dann werden oft die Seite und ihre Länge mit
c bezeichnet. Entsprechend werden die Seitenhalbierende $[BM_b]$ und deren Länge mit s_b bezeichnet.

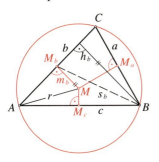

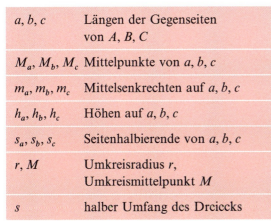

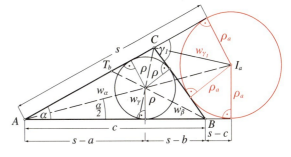

a, b, c	Längen der Gegenseiten von A, B, C	α, β, γ	Größen der Innenwinkel des Dreiecks ABC
M_a, M_b, M_c	Mittelpunkte von a, b, c	$w_\alpha, w_\beta, w_\gamma$	Winkelhalbierende der Innenwinkel
m_a, m_b, m_c	Mittelsenkrechten auf a, b, c	T_a, T_b, T_c	Schnittpunkte der Winkelhalbierenden mit a, b, c
h_a, h_b, h_c	Höhen auf a, b, c	ϱ, I	Inkreisradius, Inkreismittelpunkt
s_a, s_b, s_c	Seitenhalbierende von a, b, c	I_a, I_b, I_c	Mittelpunkte der Ankreise an a, b, c
r, M	Umkreisradius r, Umkreismittelpunkt M	$\varrho_a, \varrho_b, \varrho_c$	Radien der Ankreise an a, b, c
s	halber Umfang des Dreiecks	$\alpha_1, \beta_1, \gamma_1$	Größen der Außenwinkel

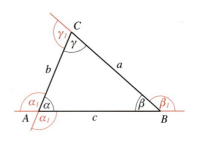

Winkelsumme: $\alpha + \beta + \gamma = 180°$

Größe der Außenwinkel: $\alpha_1 + \beta_1 + \gamma_1 = 360°$
$\alpha_1 = \beta + \gamma,\ \beta_1 = \gamma + \alpha,$
$\gamma_1 = \alpha + \beta$

Dreiecksungleichungen: $a + b > c,\ b + c > a,$
$c + a > b$
$|a - b| < c,\ |b - c| < a,$
$|c - a| < b$

Zyklische Vertauschung

(Z) weist darauf hin, dass weitere gültige Formeln durch zyklische Vertauschung gewonnen werden können:

$A \mapsto B,\ B \mapsto C,\ C \mapsto A;$
$a \mapsto b,\ b \mapsto c,\ c \mapsto a;$
$\alpha \mapsto \beta,\ \beta \mapsto \gamma,\ \gamma \mapsto \alpha$

Winkel-Seiten-Sätze: Wenn $a < b$, dann $\alpha < \beta$; wenn $\alpha < \beta$, dann $a < b$. (Z)

Dreiecksumfang: $u = 2s = a + b + c$

Flächeninhalt

$$A = \frac{a \cdot h_a}{2} = \frac{b \cdot h_b}{2} = \frac{c \cdot h_c}{2}$$

$$A = \sqrt{s(s-a)(s-b)(s-c)} \quad \text{(Heron)}$$

$$A = \frac{abc}{4r} = \sqrt{\varrho \cdot \varrho_a \cdot \varrho_b \cdot \varrho_c}$$

$$A = \varrho s = \varrho_a(s-a) = \varrho_b(s-b) = \varrho_c(s-c)$$

$$A = \frac{1}{2} ab \sin\gamma = \frac{1}{2} bc \sin\alpha = \frac{1}{2} ca \sin\beta$$

$$A = s^2 \cdot \tan\frac{\alpha}{2} \tan\frac{\beta}{2} \tan\frac{\gamma}{2}$$

$$= 2r^2 \cdot \sin\alpha \sin\beta \sin\gamma$$

Höhen

$$h_a : h_b = b : a; \quad h_a = b \sin\gamma = c \sin\beta \qquad (Z)$$

Seitenhalbierende

$$s_a = \frac{1}{2} \sqrt{2(b^2 + c^2) - a^2} \qquad (Z)$$

$$s_a = \frac{1}{2} \sqrt{b^2 + c^2 + 2bc \cos\alpha} \qquad (Z)$$

Winkelhalbierende

$$w_\alpha = \frac{2}{b+c} \sqrt{bcs(s-a)}; \quad w_\alpha = \frac{2bc \cos\frac{\alpha}{2}}{b+c}$$

Beziehung zwischen Winkelgrößen

$\cos^2\alpha + \cos^2\beta + \cos^2\gamma + 2\cos\alpha \cos\beta \cos\gamma = 1$; $\tan\alpha + \tan\beta + \tan\gamma = \tan\alpha \tan\beta \tan\gamma$

Sinussatz

$$\frac{a}{\sin a} = \frac{b}{\sin\beta} = \frac{c}{\sin\gamma} = 2r \quad (r\ \text{Umkreisradius})$$

Sind zur Dreiecksberechnung die Längen zweier Seiten und die Größe des der kleineren Seite gegenüberliegenden Winkels vorgegeben, so kann es zwei nichtkongruente Dreiecke mit diesen Größen geben.

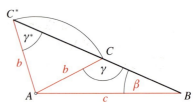

Beachte: Ist $\sin\gamma = u$, dann ist auch $\sin\gamma^* = u$ für $\gamma^* = 180° - \gamma$.

Kosinussatz

$$a^2 = b^2 + c^2 - 2bc \cos\alpha \qquad (Z)$$

$$\cos\alpha = \frac{b^2 + c^2 - a^2}{2bc} \qquad (Z) \qquad\qquad \text{Anmerkung: } \cos(180° - \alpha) = -\cos\alpha$$

Projektionssatz

$c = a \cos\beta + b \cos\alpha$ (Z)

Tangenssatz

$(a + b) \tan\dfrac{\alpha - \beta}{2} = (a - b) \tan\dfrac{\alpha + \beta}{2}$ (Z)

Halbwinkelformel $(2s = a + b + c)$

$\tan\dfrac{\alpha}{2} = \sqrt{\dfrac{(s - b)(s - c)}{s(s - a)}}$ (Z)

Besondere Punkte im Dreieck

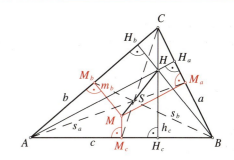

- In jedem Dreieck schneiden sich
  - die drei Mittelsenkrechten in einem Punkt, dem **Umkreismittelpunkt** M;
  - die drei Winkelhalbierenden in einem Punkt, dem **Inkreismittelpunkt** I;
    (Es ist $\overline{AB} : \overline{AC} = \overline{T_a B} : \overline{T_a C}$,
    $\overline{BC} : \overline{BA} = \overline{T_b C} : \overline{T_b A}$,
    $\overline{CA} : \overline{CB} = \overline{T_c A} : \overline{T_c B}$.)
  - die drei Höhen in einem Punkt, dem **Höhenschnittpunkt** H;
    (In spitzwinkligen Dreiecken ist $\overline{AH} \cdot \overline{HH_a} = \overline{BH} \cdot \overline{HH_b} = \overline{CH} \cdot \overline{HH_c}$.)
  - die drei Seitenhalbierenden (Schwerlinien) in einem Punkt, dem **Schwerpunkt** S.
    (S teilt jede Seitenhalbierenden im Verhältnis $1 : 2$. Es ist $\overline{AS} = 2\overline{SM_a}$, $\overline{BS} = 2\overline{SM_b}$, $\overline{CS} = 2\overline{SM_c}$.)
- In jedem Dreieck liegen der Höhenschnittpunkt H, der Umkreismittelpunkt M und der Schwerpunkt S auf einer Geraden, der **Eulergeraden**, wobei $\overline{HS} = 2\overline{SM}$ gilt.
- In jedem Dreieck hat der Umkreismittelpunkt M vom Inkreismittelpunkt I die Entfernung $\overline{MI} = \sqrt{r^2 - 2r\varrho}$.

Feuerbach'scher Kreis

In jedem Dreieck liegen die drei Mittelpunkte der Seiten, die drei Höhenfußpunkte und die drei Mittelpunkte der „oberen" Höhenabschnitte auf einem Kreis, dem Feuerbach'schen Kreis (*Neunpunktekreis*). Sein Mittelpunkt halbiert die Strecke zwischen Höhenschnittpunkt und Umkreismittelpunkt, sein Radius ist gleich dem halben Umkreisradius, er berührt den Inkreis und die drei Ankreise.

Ecktransversalen

Jede Strecke von einem Eckpunkt zu einem Punkt der Gegenseite heißt eine *Ecktransversale*.

Wir betrachten drei Ecktransversalen $[AU]$, $[BV]$ und $[CW]$ und nennen $\overline{BU} = u$; $\overline{CV} = v$; $\overline{AW} = w$.

Satz von Ceva

Drei Ecktransversalen schneiden sich dann und nur dann in einem Punkt, wenn

$$\frac{a - u}{u} \cdot \frac{b - v}{v} \cdot \frac{c - w}{w} = 1$$

erfüllt ist.

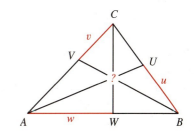

Spezielle Dreiecke

Ein Dreieck ABC heißt

spitzwinklig, wenn jeder Innenwinkel kleiner als $90°$ ist;
rechtwinklig, wenn ein Innenwinkel ein rechter Winkel ist;
stumpfwinklig, wenn ein Innenwinkel größer als $90°$ ist.

Rechtwinkliges Dreieck

Ist $\gamma = 90°$, so heißen a und b Längen der Katheten ● c Länge der Hypotenuse
p und q Längen der Hypotenusenabschnitte ● $h = h_c$ Länge der Höhe des Dreiecks.
Es ist $h_a = b$ ● $h_b = a$; ● r Umkreisradius ● ϱ Inkreisradius ● $\varrho_a, \varrho_b, \varrho_c$ Ankreisradien
s halber Umfang.

$$u = 2s = a + b + c; \quad r = \frac{c}{2}; \quad \varrho = s - c; \quad \varrho_a = s - b, \quad \varrho_b = s - a, \quad \varrho_c = s$$

$$A = \frac{ch}{2} = \frac{ab}{2}; \quad h = \frac{ab}{c}$$

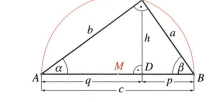

- **Satz von Pythagoras:**

  Ist $\gamma = 90°$, dann ist $a^2 + b^2 = c^2$.

- **Umkehrung des Satzes von Pythagoras:**

  Ist $a^2 + b^2 = c^2$, dann ist $\gamma = 90°$.

- **Höhensatz:**

  Ist $\gamma = 90°$, dann ist $h^2 = pq$.

- **Kathetensatz:**

  Ist $\gamma = 90°$, dann ist $a^2 = cp$ und $b^2 = cq$.

- **Doppelter Flächeninhalt:**

  Ist $\gamma = 90°$, dann ist $ch = ab$

Gleichschenkliges Dreieck

Ist $a = b$, so heißen a und b Schenkel,
c Grundlinie.
Ist $a = b$, dann ist $\alpha = \beta$.
Ist $\alpha = \beta$, dann ist $a = b$.

$$A = \frac{c}{4} \sqrt{4a^2 - c^2}$$

$$h_a = h_b = \frac{2A}{a}$$

$$h_c = \frac{1}{2} \sqrt{4a^2 - c^2}$$

$$r = \frac{a^2}{2h_c}$$

$$\varrho = \frac{c(2a - c)}{4h_c}$$

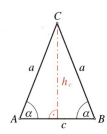

Gleichseitiges Dreieck

Ist $a = b = c$, dann ist $\alpha = \beta = \gamma = 60°$.
Ist $\alpha = \beta = \gamma = 60°$, dann ist $a = b = c$.
Jede Höhe ist gleichzeitig Seitenhalbierende,
Winkelhalbierende und Mittelsenkrechte.

$$A = \frac{\sqrt{3}}{4} a^2$$

$$h = \frac{\sqrt{3}}{2} a = \frac{3}{2} r$$

$$r = 2\varrho$$

$$\varrho_a = \varrho_b = \varrho_c = h$$

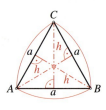

──────────────── Vierecke ────────────────

Allgemeines (ebenes) Viereck

Bezeichnungen

Längen der Seiten: $a = \overline{AB}$, $b = \overline{BC}$, $c = \overline{CD}$, $d = \overline{DA}$

Längen der Diagonalen: $e = \overline{AC}$, $f = \overline{BD}$

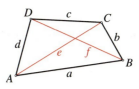
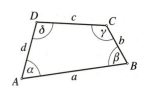

Die Innenwinkel (Winkelfelder) $\sphericalangle BAD$, $\sphericalangle CBA$, $\sphericalangle DCB$ und $\sphericalangle ADC$ haben die Größen α, β, γ und δ. Sind keine Verwechslungen zu erwarten, dann werden auch die Seiten (Strecken, Punktmengen) mit a, b, c und d, die Diagonalen mit e und f und die Winkel mit α, β, γ und δ bezeichnet.

Winkelsumme: $\alpha + \beta + \gamma + \delta = 360°$.

Quadrat

$a = b = c = d$, $\alpha = \beta = \gamma = \delta = 90°$

Vier Symmetrieachsen, drehsymmetrisch zu S ($0°, 90°, 180°, 270°$),
e und f halbieren einander, $e \perp f$.

$e = f = a\sqrt{2}$
$u = 4a$
$A = a^2 = 0{,}5\,e^2$

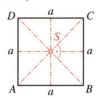

Rechteck

$a = \beta = \gamma = \delta = 90°$

Zwei Symmetrieachsen, punktsymmetrisch zu S, e und f halbieren einander.

$e = f = \sqrt{a^2 + b^2}$
$a = c$, $b = d$
$u = 2(a + b)$
$A = ab$

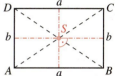

Raute (Rhombus)

$a \| c$, $b \| d$, $a = b = c = d$

Zweifach diagonalsymmetrisch, punktsymmetrisch zu S, e und f halbieren einander, $e \perp f$.

$u = 4a$
$A = ah = \dfrac{ef}{2} = a^2 \sin\alpha$
$4a^2 = e^2 + f^2$

Parallelogramm (Rhomboid)

$a \| c$, $b \| d$

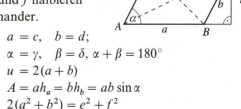

Punktsymmetrisch zu S, e und f halbieren einander.

$a = c$, $b = d$;
$\alpha = \gamma$, $\beta = \delta$, $\alpha + \beta = 180°$
$u = 2(a + b)$
$A = ah_a = bh_b = ab \sin\alpha$
$2(a^2 + b^2) = e^2 + f^2$

Drachenviereck

$a = b$, $c = d$ oder $b = c$, $d = a$

(Mindestens) einfach diagonalsymmetrisch; $e \perp f$.

$u = 2(a + c)$
$A = \dfrac{ef}{2}$

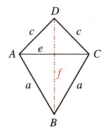

Trapez

$a \| c$ bzw. $b \| d$, gleichschenkliges Trapez, wenn $b = d$ bzw. $a = c$

h Höhe (Abstand der Parallelen).

$u = 2s = a + b + c + d$
$A = \dfrac{a + c}{2} h = mh$

falls $a \| c$,
m Mittelparallele

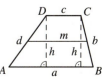

Sehnenviereck

Es gibt einen Umkreis vom Radius r.

$u = 2s = a + b + c + d$

$A = \sqrt{(s-a)(s-b)(s-c)(s-d)}$

$ac + bd = ef$ (Satz des Ptolemäus)

Es ist $\alpha + \gamma = \beta + \delta = 180°$.
Ist $\alpha + \gamma = \beta + \delta = 180°$,
dann ist das Viereck
ein Sehnenviereck.

Tangentenviereck

Es gibt einen Inkreis vom Radius ϱ.

$u = 2s = a + b + c + d$

$A = \varrho s$

Es ist $a + c = b + d$.
Ist $a + c = b + d$,
dann ist das Viereck
ein Tangentenviereck.

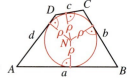

Regelmäßige Vielecke (Reguläre Polygone)

Ein regelmäßiges n-Eck ($n \geq 3$) hat n gleich lange Seiten der Länge s_n und n gleich große Innenwinkel der Größe β_n. Man kann ihm einen Kreis vom Radius $\varrho(\varrho_n)$ einbeschreiben und einen konzentrischen Kreis vom Radius $r(r_n)$ umbeschreiben. Dem Kreis vom Radius $r(r_n)$ lassen sich regelmäßige n-Ecke mit der Seitenlänge S_n umbeschreiben. Jedes regelmäßige n-Eck hat n kongruente, gleichschenklige Bestimmungsdreiecke.

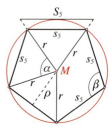

$$\alpha_n = \frac{360°}{n}; \qquad \beta_n = \frac{180°(n-2)}{n}; \qquad s_n = 2\sqrt{r^2 - \varrho_n^2}; \qquad s_{2n}^2 = 2r^2 - r\sqrt{4r^2 - s_n^2}$$

$$S_n = \frac{2r \cdot s_n}{\sqrt{4r^2 - s_n^2}}; \qquad \varrho_{2n} = \frac{r_n + \varrho_n}{2}; \qquad r_{2n} = \sqrt{r_n \cdot \varrho_{2n}}; \qquad A_n = \frac{1}{2} n \varrho_n s_n = \frac{1}{2} n r_n^2 \sin\alpha_n$$

Speziell: $s_3 = r\sqrt{3}$; $\quad s_4 = r\sqrt{2}$; $\qquad s_5 = 0{,}5 r\sqrt{10 - 2\sqrt{5}}$

$\qquad\quad s_6 = r$; $\qquad s_8 = r\sqrt{2 - \sqrt{2}}$; $\qquad s_{10} = 0{,}5(\sqrt{5} - 1)r$

Geometrie am Kreis

- Jede **Kreistangente** ist zu ihrem Berührradius senkrecht (orthogonal).
- Jeder **Umfangswinkel** (Peripheriewinkel) γ ist halb so groß wie der **Mittelpunktswinkel** (Zentriwinkel) μ über demselben Bogen:

  $\mu = 2\gamma$; $360° - \mu = 2\delta$.
- Ein **Sehnentangentenwinkel** τ ist halb so groß wie der Mittelpunktswinkel μ: $\tau = 0{,}5\mu$; $\quad \mu = 2\tau$; $\quad 360° - \mu = 2(180° - \tau)$.
- Alle **Umfangswinkel** über demselben Bogen sind gleich groß:

  $\gamma = \gamma' = \gamma'' = \ldots$; $\quad \delta = \delta' = \delta'' = \ldots$.

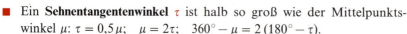

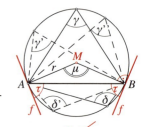

Strecken am Kreis

- Sehnensatz: $\overline{QA} \cdot \overline{QD} = \overline{QB} \cdot \overline{QC}$ (Q fester Punkt im Kreisinneren)
- Sekantensatz: $\overline{PA} \cdot \overline{PB} = \overline{PC} \cdot \overline{PD}$ (P fester Punkt im Kreisäußeren)
- Sekanten-Tangentensatz: $\overline{PA} \cdot \overline{PB} = \overline{PT}^2$ (P fester Punkt im Kreisäußeren)

Satz des Thales

Alle Umfangswinkel in einem Halbkreis sind rechte Winkel.

Thaleskreis als Konstruktionslinie

Vorgegeben sind zwei feste Punkte A und B. Die Menge der Punkte P, deren Verbindungsgeraden zu A bzw. zu B einen rechten Winkel einschließen, ist der Thaleskreis mit dem Durchmesser $[AB]$ (A und B sind ausgenommen).

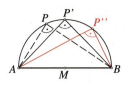

Kreis und Kreisteile

$$\pi = 3{,}14159265\ldots \approx 3{,}14 \text{ Ludolph'sche Zahl}$$

Kreis

r Radius • u Umfang • A Flächeninhalt

$$u = 2\pi r = 2\sqrt{\pi A}$$

$$A = \pi r^2 = \frac{u^2}{4\pi}$$

Kreisausschnitt (Kreissektor)

r Radius, b Länge des Bogens, α Größe des Mittelpunktswinkels im Gradmaß, x im Bogenmaß: $x = \operatorname{arc}\alpha = \dfrac{\pi\alpha}{180°}$

$$b = \frac{\pi r \alpha}{180°} = rx$$

$$u = 2r + b$$

$$A = \frac{br}{2} = \frac{\pi r^2 \alpha}{360°} = \frac{r^2 x}{2}$$

Kreisabschnitt (Kreissegment)

r Radius, s Länge der Sehne, b Länge des Bogens, h Abschnittshöhe, α Größe des Mittelpunktswinkels im Gradmaß, $x = \dfrac{\pi\alpha}{180°}$ im Bogenmaß

$$u = s + b$$

$$A = \frac{1}{2}\left[r(b - s) + sh\right]$$

$$A = \frac{\pi r^2 \alpha}{360°} - \frac{r^2 \sin\alpha}{2}$$

$$s = 2r \cdot \sin\frac{\alpha}{2} = 2\sqrt{2hr - h^2}$$

■ Elementare Abbildungsgeometrie

Definitionen

Eine Abbildung der Menge der Punkte der Ebene auf sich heißt

bijektiv,	wenn jeder Punkt der Ebene Bildpunkt genau eines Urspunktes ist;
geradentreu,	wenn das Bild jeder Geraden jeweils wieder eine Gerade ist;
parallelentreu,	wenn parallele Geraden stets auf parallele Geraden abgebildet werden;
winkeltreu,	wenn jeder Bildwinkel so groß wie sein Urwinkel ist;
teilverhältnistreu,	wenn das Teilverhältnis von drei Punkten einer Geraden stets gleich dem Teilverhältnis der Bildpunkte ist;
längentreu,	wenn jede Bildstrecke so lang wie ihre Urstrecke ist.

Kongruenzabbildungen (Isometrien)

Kongruenzabbildungen (Isometrien, Bewegungen) sind bijektive, geradentreue, parallelentreue, winkeltreue, teilverhältnistreue und längentreue Abbildungen der Menge der Punkte der Ebene auf sich.

Geradenspiegelungen

Jede Geradenspiegelung S_g ist eine Kongruenzabbildung. Durch Hintereinanderausführen (Verketten) von endlich vielen Geradenspiegelungen ergibt sich stets eine Kongruenzabbildung; umgekehrt lässt sich jede Kongruenzabbildung durch Hintereinanderausführen von höchstens drei geeignet gewählten Geradenspiegelungen realisieren.

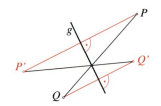

Parallelverschiebungen

Sind die Geraden g und h parallel, so ergibt sich durch Hintereinanderausführen der Geradenspiegelung S_h nach S_g eine Parallelverschiebung V ($S_h \circ S_g = V$).

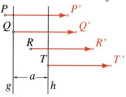

Drehungen

Schneiden sich die Geraden g und h in S, so ergibt sich durch Hintereinanderausführen der Geradenspiegelung S_h nach S_g eine Drehung D ($S_h \circ S_g = D$).

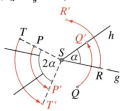

Schubspiegelungen

Durch Verketten einer Parallelverschiebung und einer Spiegelung an einer zur Schieberichtung parallelen Geraden ergibt sich eine Schubspiegelung.

Kongruenz

- Zwei Figuren F_1 und F_2 heißen (zueinander) kongruent, wenn es mindestens eine Kongruenzabbildung gibt, welche F_1 auf F_2 abbildet: $F_1 \simeq F_2$ (gelesen: „F_1 ist kongruent zu F_2").
- Sind zwei Dreiecke kongruent ($\triangle ABC \simeq \triangle A'B'C'$), so sind
  alle entsprechenden Strecken gleich lang ($a = a'$, $b = b'$, $c = c'$, $h_a = h_{a'}$, $s_a = s_{a'}$, $w_\alpha = w_{\alpha'}$, ...);
  alle entsprechenden Winkel gleich groß ($\alpha = \alpha'$, $\beta = \beta'$, $\gamma = \gamma'$, $\sphericalangle h_a w_\gamma = \sphericalangle h_{a'} w_{\gamma'}$, ...).

Kongruenzsätze (hinreichende Kriterien zum Nachweis der Kongruenz zweier Dreiecke)

Zwei Dreiecke sind schon dann als kongruent (deckungsgleich) erkannt, wenn nur **mindestens eine** der folgenden Forderungen nachgewiesen ist:

Beide Dreiecke stimmen überein

- in den Längen von drei entsprechenden Seiten (*sss*);
- in den Längen zweier entsprechender Seiten und der Größe des von diesen jeweils eingeschlossenen Winkels (*sws*);
- in den Größen zweier entsprechender Winkel und der Länge einer entsprechenden Seite (*wsw*) oder (*wws*);
- in den Längen zweier entsprechender Seiten und der Größe des Innenwinkels, welcher der längeren dieser beiden Seiten gegenüberliegt (*Ssw*).

Bestimmungsstücke: Zentrum Z, Streckungsfaktor k mit $k \in \mathbb{R} \setminus \{0\}$

Abbildungsvorschrift

Jedem Ursprung P wird ein Bildpunkt P' zugewiesen.

Ist $P = Z$, dann $P' = P$.

Ist $P \neq Z$, dann liegen P, Z und P' auf einer Geraden
und es ist $\overline{ZP'} = |k| \cdot \overline{ZP}$;

ist $k < 0$, dann liegt Z zwischen P und P';

ist $k > 0$, dann liegt Z nicht zwischen P und P'.

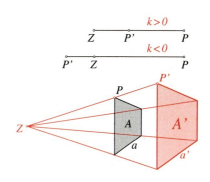

Eigenschaften

Zentrische Streckungen sind teilverhältnistreu und winkeltreu.

Jede Bildgerade ist zur Urgeraden parallel.

Streckenlängen: $a' = |k|\, a$

Flächeninhalte: $A' = k^2 A$

- Ähnlichkeitsabbildungen sind bijektive, geradentreue, parallelentreue, winkeltreue und teilverhältnistreue Abbildungen der Menge der Punkte der Ebene auf sich. Jede Ähnlichkeitsabbildung lässt sich durch Verketten von endlich vielen Kongruenzabbildungen und zentrischen Streckungen darstellen.

- Zwei Figuren F_1 und F_2 heißen (zueinander) ähnlich, wenn es mindestens eine Ähnlichkeitsabbildung gibt, welche F_1 auf F_2 abbildet: $F_1 \sim F_2$ (gelesen: „F_1 ist ähnlich zu F_2").

- Sind zwei Figuren F_1 und F_2 ähnlich, so stimmen F_1 und F_2 in den Größen aller entsprechenden Winkel überein. Weiter gibt es eine feste Zahl $k > 0$ derart, dass für das Verhältnis aller entsprechenden Streckenlängen $1 : k$ und für das Verhältnis aller entsprechenden Flächeninhalte $1 : k^2$ gilt. Werden der Figur F_1 zwei Streckenlängen u und v entnommen, so gilt für die entsprechenden Streckenlängen u' und v' der zu F_1 ähnlichen Figur F_2 stets $u : v = u' : v'$.

Ähnlichkeitssätze (hinreichende Kriterien zum Nachweis der Ähnlichkeit zweier Dreiecke)

Zwei Dreiecke sind schon dann als ähnlich erkannt, wenn nur **mindestens eine** der folgenden Forderungen nachgewiesen ist:

Beide Dreiecke stimmen überein

- in den Verhältnissen der Seitenlängen;

- im Verhältnis der Längen zweier Seiten und der Größe des von diesen jeweils eingeschlossenen Winkels;

- in der Größe von mindestens zwei entsprechenden Winkeln (**3. Ähnlichkeitssatz**);

- im Verhältnis der Längen zweier Seiten und der Größe des Gegenwinkels der jeweils längeren der beiden Seite.

Eine „Strahlensatzfigur" besteht aus sich in einem Punkt S schneidenden Geraden g und h sowie aus einer Schar paralleler Geraden, die g und h schneiden. A und A', B und B', C und C', ... heißen einander entsprechende Punkte.

Projektionssatz

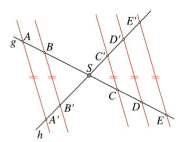

Zu jeder „Strahlensatzfigur" gibt es eine passende, feste Zahl r derart, dass für entsprechende Strecken $[AB]$ und $[A'B']$ stets (gleichgültig, wie A und B auf g gewählt sind) gilt: $\overline{A'B'} = r\overline{AB}$.

1. Strahlensatz

Werden zwei sich schneidende Geraden g und h von parallelen Geraden geschnitten, so verhalten sich die Längen von zwei Strecken auf g stets wie die Längen der entsprechenden Strecken auf h:

$$\overline{SA} : \overline{SB} = \overline{SA'} : \overline{SB'}, \quad \overline{SA} : \overline{SC} = \overline{SA'} : \overline{SC'}, \quad \overline{AB} : \overline{CE} = \overline{A'B'} : \overline{C'E'}, \ldots.$$

2. Strahlensatz

Werden sich schneidende Geraden g und h von zueinander parallelen Geraden geschnitten, so verhalten sich die Längen von zwei Abschnitten auf den Parallelen stets wie die entsprechenden Längen der vom Schnittpunkt S von g und h aus gemessenen Abschnitte auf einer der sich schneidenden Geraden:

$$\overline{AA'} : \overline{BB'} = \overline{SA} : \overline{SB}, \quad \overline{AA'} : \overline{CC'} = \overline{SA} : \overline{SC}, \ldots.$$

Teilverhältnis, harmonische Punkte, Goldener Schnitt

- Der Punkt T hat bezüglich der Strecke $[AB]$ das *Teilverhältnis* λ, wenn gilt: $\overline{AT} = |\lambda|\, \overline{TB}$.

  Dabei ist $\lambda > 0$, falls T im Inneren der Strecke $[AB]$ liegt, $\lambda < 0$, falls T im Äußeren der Strecke $[AB]$ liegt.

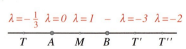

- Eine Strecke $[AB]$ wird durch T im „Goldenen Schnitt" geteilt, wenn gilt:

  $a : x = x : (a - x)$.

  Dann ist

  $x = 0{,}5\,a\,(\sqrt{5} - 1) \approx 0{,}6180\ldots a$.

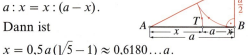

- Vier Punkte A, B, T_i, T_a liegen harmonisch (sind ein harmonischer Wurf), wenn gilt:

  $$\overline{AT_i} : \overline{T_iB} = \overline{AT_a} : \overline{T_aB}.$$

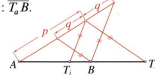

Zum Kreis des Appolonius

CD ist Winkelhalbierende von γ, CE ist Winkelhalbierende des Außenwinkels γ'.

Dann liegen A, B, D, E harmonisch mit $\overline{AD} : \overline{DB} = \overline{AE} : \overline{EB} = b : a$.

Für alle Punkte C auf dem Kreis des Appolonius mit dem Durchmesser $[DE]$ ist das Entfernungsverhältnis $\overline{AC} : \overline{CB} = b : a$.

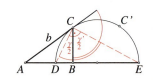

■ Stereometrie (Körperberechnung)

M Flächeninhalt des Mantels (Mantelfläche) ● O Oberfläche ● V Volumen (Rauminhalt)
a, b, c Längen der Körperkanten ● h Länge der Körperhöhe ● d Länge der räumlichen Diagonalen
G [G_1] Flächeninhalt der Grundfläche ● G_2 Flächeninhalt der Deckfläche ● u [u_1] Umfang der
Grundfläche ● u_2 Umfang der Deckfläche ● h_s Seitenflächenhöhe ● s Länge einer Mantellinie

Würfel

$M = 4a^2$
$O = 6a^2$
$V = a^3$
$d = a\sqrt{3}$

Quader

$M = 2c(a + b)$
$O = 2(ab + bc + ca)$
$V = abc$
$d = \sqrt{a^2 + b^2 + c^2}$

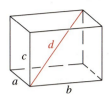

Prismen (gerade Prismen)

$M = uh$
$O = 2G + M$
$V = Gh$

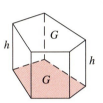

Pyramiden (gerade Pyramiden)

$M = \dfrac{1}{2} uh_s$
$O = G + M$
$V = \dfrac{1}{3} Gh$

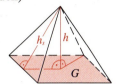

Zylinder
(gerader Kreiszylinder,
senkrechter Kreiszylinder)

$M = 2\pi rh$
$O = 2\pi r(r + h)$
$V = \pi r^2 h$

Kegel (gerader Kreiskegel)

$M = \pi rs$
$O = \pi r(r + s)$
$V = \dfrac{1}{3} \pi r^2 h$
$s^2 = r^2 + h^2$

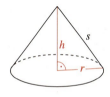

Pyramidenstumpf (gerader)

$M = \dfrac{1}{2} (u_1 + u_2) h_s$
$O = G_1 + G_2 + M$
$V = \dfrac{h}{3} (G_1 + \sqrt{G_1 G_2} + G_2)$

Kegelstumpf (gerader Kreiskegelstumpf)

$M = \pi s(r_1 + r_2)$
$O = \pi [r_1^2 + r_2^2 + s(r_1 + r_2)]$
$V = \dfrac{\pi h}{3} (r_1^2 + r_1 r_2 + r_2^2)$

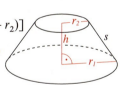

Kugel und Kugelabschnitt

M Mantelfläche ● O Oberfläche ● V Volumen (Rauminhalt) ● r Kugelradius
h Höhe des Kugelteils

Ludolphsche Zahl: $\pi = 3{,}14159265\ldots \approx 3{,}14$

Kugel

$O = 4\pi r^2 = \sqrt[3]{36\pi V^2}$
$V = \dfrac{4}{3} \pi r^3 = \dfrac{1}{6} \sqrt{\dfrac{O^3}{\pi}}$
$r = \dfrac{1}{2} \sqrt{\dfrac{O}{\pi}} = \sqrt[3]{\dfrac{3V}{4\pi}}$

Kugelabschnitt (Kugelsegment)

$M = 2\pi rh = \pi(\varrho^2 + h^2)$ (Kappe)
$O = \pi h(4r - h) = \pi(2\varrho^2 + h^2)$
$V = \dfrac{\pi h^2}{3} (3r - h)$
$V = \dfrac{\pi h}{6} (3\varrho^2 + h^2)$
$\varrho^2 = h(2r - h)$

--------- **Prinzip von Cavalieri für den Raum** ---------

Um nachzuweisen, dass zwei Körper gleiches Volumen haben, genügt es, die Körper so anzuordnen, dass eine Ebene E mit folgender Eigenschaft angegeben werden kann: Jede zu E parallele Ebene schneidet beide Körper so, dass jeweils zwei gleichgroße Schnittflächen erzeugt werden (oder sie meidet beide).

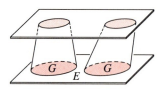

--------- **Eulerscher Polyedersatz, reguläre Polyeder (regelmäßige Vielflächner)** ---------

■ Ein Polyeder (Vielflach) wird von Ebenenstücken begrenzt. Ein Körper heißt *konvex*, wenn mit zwei seiner Punkte stets auch die ganze Verbindungsstrecke in ihm enthalten ist.

Eulerscher Polyedersatz:

Ist e die Anzahl der Ecken, f die Anzahl der Flächen, k die Anzahl der Kanten eines konvexen Polyeders, so ist stets $e + f = k + 2$.

■ Ein Polyeder heißt *regulär* (Platonischer Körper), wenn die Oberfläche nur aus kongruenten regelmäßigen Vielecken besteht und in jeder Ecke die gleiche Anzahl von Vielecken zusammenstoßen. Ist jede Einzelfläche ein regelmäßiges n-Eck und treffen in jeder Ecke des regulären Polyeders m Kanten zusammen, so ist stets $f \cdot n = e \cdot m = 2 \cdot k$. Reguläre Polyeder haben eine Umkugel und eine Inkugel.

■ Es existieren nur die folgenden fünf regulären Polyeder:

a Kantenlänge ● O Oberfläche ● V Volumen ● r Radius der Umkugel ● ϱ Radius der Inkugel

Tetraeder	Würfel (Hexaeder)	Oktaeder	Dodekaeder	Ikosaeder
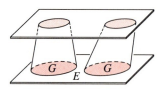				
Netz	Netz	Netz	Netz	Netz
$e = 4$	$e = 8$	$e = 6$	$e = 20$	$e = 12$
$k = 6$	$k = 12$	$k = 12$	$k = 30$	$k = 30$
$f = 4$	$f = 6$	$f = 8$	$f = 12$	$f = 20$
$O = a^2 \sqrt{3}$	$O = 6a^2$	$O = 2a^2 \sqrt{3}$	$O = 3a^2 \sqrt{5(5 + 2\sqrt{5})}$	$O = 5a^2 \sqrt{3}$
$V = \dfrac{a^3}{12} \cdot \sqrt{2}$	$V = a^3$	$V = \dfrac{a^3}{3} \cdot \sqrt{2}$	$V = \dfrac{a^3}{4}(15 + 7\sqrt{5})$	$V = \dfrac{5a^3}{12}(3 + \sqrt{5})$
$r = \dfrac{a}{4} \cdot \sqrt{6}$	$r = \dfrac{a}{2}\sqrt{3}$	$r = \dfrac{a}{2} \cdot \sqrt{2}$	$r = \dfrac{a}{4}\sqrt{3}(1 + \sqrt{5})$	$r = \dfrac{a}{4}\sqrt{2(5 + \sqrt{5})}$
$\varrho = \dfrac{a}{12} \cdot \sqrt{6}$	$\varrho = \dfrac{a}{2}$	$\varrho = \dfrac{a}{6} \cdot \sqrt{6}$	$\varrho = \dfrac{a}{20}\sqrt{10(25 + 11\sqrt{5})}$	$\varrho = \dfrac{a}{12}\sqrt{3}(3 + \sqrt{5})$

■ Ebene Trigonometrie

Winkelfunktionen, Kreisfunkitionen

Definition für spitze Winkel der Größe α (im rechtwinkligen Dreieck)

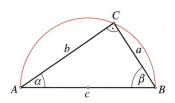

$$\sin\alpha := \frac{\text{Länge der Gegenkathete von } \alpha}{\text{Länge der Hypotenuse}} = \frac{a}{c}$$

$$\cos\alpha := \frac{\text{Länge der Ankathete von } \alpha}{\text{Länge der Hypotenuse}} = \frac{b}{c}$$

$$\tan\alpha := \frac{\text{Länge der Gegenkathete von } \alpha}{\text{Länge der Ankathete von } \alpha} = \frac{a}{b} \qquad \cot\alpha := \frac{\text{Länge der Ankathete von } \alpha}{\text{Länge der Gegenkathete von } \alpha} = \frac{b}{a}$$

■ Größe eines Winkels: Bogenmaß x, Gradmaß α.

$$x = \operatorname{arc}\alpha := \frac{\text{Länge eines zum Winkelfeld gehörenden Kreisbogens}}{\text{Länge des zu diesem Kreisbogen gehörenden Kreisradius}}$$

■ Umrechnungen:

$$\alpha : 360° = x : 2\pi; \quad x = \frac{\pi}{180°}\alpha; \qquad 1 \text{ rad (Radiant)} = \frac{180°}{\pi} \approx 57{,}29578°; \quad 1° = \frac{\pi}{180} \text{ rad.}$$

Definition für beliebige Winkel (der Größe x am Kreis vom Radius r)

Der freie Schenkel des Winkels der Größe x schneidet den Kreis in $P(u|v)$.

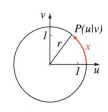

$$\sin x := \frac{v}{r} \text{ für alle } x \in \mathbb{R}; \qquad \tan x := \frac{v}{u} \text{ für alle } x \neq \frac{\pi}{2} + z\cdot\pi, z \in \mathbb{Z};$$

$$\cos x := \frac{u}{r} \text{ für alle } x \in \mathbb{R}; \qquad \cot x := \frac{u}{v} \text{ für alle } x \neq z\cdot\pi, z \in \mathbb{Z}.$$

Besondere Werte der Winkelfunktionen

	0	$\frac{\pi}{6}$	$\frac{\pi}{4}$	$\frac{\pi}{3}$	$\frac{\pi}{2}$
	0°	30°	45°	60°	90°
sin	0	$\frac{1}{2}$	$\frac{1}{2}\sqrt{2}$	$\frac{1}{2}\sqrt{3}$	1
cos	1	$\frac{1}{2}\sqrt{3}$	$\frac{1}{2}\sqrt{2}$	$\frac{1}{2}$	0
tan	0	$\frac{1}{3}\sqrt{3}$	1	$\sqrt{3}$	–
cot	–	$\sqrt{3}$	1	$\frac{1}{3}\sqrt{3}$	0

Beispiel: $\sin\frac{\pi}{6} = \sin 30° = \frac{1}{2}$

Schreibweise: $\sin^2\alpha = (\sin\alpha)^2$

Reduktionsformeln für beliebige Winkel

	$90°\pm\alpha$	$180°\pm\alpha$	$270°\pm\alpha$	$360°\pm\alpha$	$-\alpha$
sin	$+\cos\alpha$	$\mp\sin\alpha$	$-\cos\alpha$	$\pm\sin\alpha$	$-\sin\alpha$
cos	$\mp\sin\alpha$	$-\cos\alpha$	$\pm\sin\alpha$	$+\cos\alpha$	$+\cos\alpha$
tan	$\mp\cot\alpha$	$\pm\tan\alpha$	$\mp\cot\alpha$	$\pm\tan\alpha$	$-\tan\alpha$
cot	$\mp\tan\alpha$	$\pm\cot\alpha$	$\mp\tan\alpha$	$\pm\cot\alpha$	$-\cot\alpha$

Beispiele: $\cos(180° - \alpha) = -\cos\alpha$

$\sin(180° - \alpha) = +\sin\alpha$

$\sin(90° - \alpha) = +\cos\alpha$

Grundbeziehungen zwischen den Winkelfunktionen

Für jede Winkelgröße α ist

$$\sin^2\alpha + \cos^2\alpha = 1$$

$$\tan\alpha = \frac{\sin\alpha}{\cos\alpha} \text{ für } \alpha \neq 90°\cdot(2z+1)$$
$$\text{mit } z \in \mathbb{Z}$$

$$1 + \tan^2\alpha = \frac{1}{\cos^2\alpha} \text{ für } \alpha \neq 90°\cdot(2z+1)$$
$$\text{mit } z \in \mathbb{Z}$$

$$\tan\alpha \cdot \cot\alpha = 1$$

$$\cot\alpha = \frac{\cos\alpha}{\sin\alpha} \text{ für } \alpha \neq 180°\cdot z \text{ mit } z \in \mathbb{Z}$$

$$1 + \cot^2\alpha = \frac{1}{\sin^2\alpha} \text{ für } \alpha \neq 180°\cdot z \text{ mit } z \in \mathbb{Z}$$

Additionstheoreme

$$\sin(\alpha + \beta) = \sin\alpha\cos\beta + \cos\alpha\sin\beta$$

$$\sin(\alpha - \beta) = \sin\alpha\cos\beta - \cos\alpha\sin\beta$$

$$\cos(\alpha + \beta) = \cos\alpha\cos\beta - \sin\alpha\sin\beta$$

$$\cos(\alpha - \beta) = \cos\alpha\cos\beta + \sin\alpha\sin\beta$$

$$\tan(\alpha \pm \beta) = \frac{\tan\alpha \pm \tan\beta}{1 \mp \tan\alpha\tan\beta}$$

Summen und Differenzen

$$\sin\alpha + \sin\beta = 2\sin\frac{\alpha+\beta}{2}\cos\frac{\alpha-\beta}{2}$$

$$\sin\alpha - \sin\beta = 2\cos\frac{\alpha+\beta}{2}\sin\frac{\alpha-\beta}{2}$$

$$\cos\alpha + \cos\beta = 2\cos\frac{\alpha+\beta}{2}\cos\frac{\alpha-\beta}{2}$$

$$\cos\alpha - \cos\beta = -2\sin\frac{\alpha+\beta}{2}\sin\frac{\alpha-\beta}{2}$$

$$\tan\alpha \pm \tan\beta = \frac{\sin(\alpha \pm \beta)}{\cos\alpha\cos\beta}$$

Vielfache und Teile

$$\sin 2\alpha = 2\sin\alpha\cos\alpha$$

$$\sin 3\alpha = 3\sin\alpha - 4\sin^3\alpha$$

$$\tan 2\alpha = \frac{2\tan\alpha}{1-\tan^2\alpha} = \frac{2}{\cot\alpha - \tan\alpha}$$

$$\sin\frac{\alpha}{2} = \pm\sqrt{\frac{1-\cos\alpha}{2}}; \quad \cos\frac{\alpha}{2} = \pm\sqrt{\frac{1+\cos\alpha}{2}}$$

$$\cos 2\alpha = \cos^2\alpha - \sin^2\alpha$$
$$= 2\cos^2\alpha - 1 = 1 - 2\sin^2\alpha$$

$$\cos 3\alpha = 4\cos^3\alpha - 3\cos\alpha$$

$$\cot 2\alpha = \frac{\cot^2\alpha - 1}{2\cot\alpha} = \frac{\cot\alpha - \tan\alpha}{2}$$

$$\tan\frac{\alpha}{2} = \frac{\sin\alpha}{1+\cos\alpha} = \frac{1-\cos\alpha}{\sin\alpha} = \pm\sqrt{\frac{1-\cos\alpha}{1+\cos\alpha}}$$

Symmetriebeziehungen der Kreisfunktionen

$\sin(-x) = -\sin x$ für alle $x \in \mathbb{R}$; $\tan(-x) = -\tan x$ für alle $x \neq \frac{\pi}{2} + \pi z$ mit $z \in \mathbb{Z}$.

$\cos(-x) = \cos x$ für alle $x \in \mathbb{R}$; $\cot(-x) = -\cot x$ für alle $x \neq \pi z$ mit $z \in \mathbb{Z}$.

$$\sin\left(\frac{\pi}{2}+x\right) = \sin\left(\frac{\pi}{2}-x\right); \quad \sin(\pi+x) = -\sin(\pi-x); \quad \sin\left(\frac{3\pi}{2}+x\right) = \sin\left(\frac{3\pi}{2}-x\right);$$

$$\tan\left(\frac{\pi}{2}+x\right) = -\tan\left(\frac{\pi}{2}-x\right); \quad \tan(\pi+x) = -\tan(\pi-x); \quad \tan\left(\frac{3\pi}{2}+x\right) = -\tan\left(\frac{3\pi}{2}-x\right).$$

Perioden der Kreisfunktionen

Wegen $\sin(x + 2\pi) = \sin x$ für alle $x \in \mathbb{R}$ hat die Funktion sin die Periode 2π.

Wegen $\cos(x + 2\pi) = \cos x$ für alle $x \in \mathbb{R}$ hat die Funktion cos die Periode 2π.

Wegen $\tan(x + \pi) = \tan x$ für alle $x \neq \frac{\pi}{2} + \pi z$ $(z \in \mathbb{Z})$ hat die Funktion tan die Periode π.

Eine Sinuskurve mit der Periode 2π

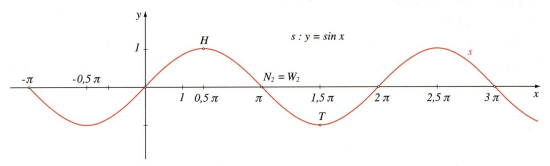

Linearkombination

$a \sin x + b \cos x = \sqrt{a^2 + b^2} \sin(x + c)$;

c mit $0 \le c < 2\pi$ ergibt sich eindeutig aus den Forderungen $\sin c = \dfrac{b}{\sqrt{a^2 + b^2}}$ und $\cos c = \dfrac{a}{\sqrt{a^2 + b^2}}$.

Kreisfunktionen und Ungleichungen

Für alle $x \in \mathbb{R}$ gilt: $-1 \le \sin x \le 1$ und $-1 \le \cos x \le 1$;

für alle x mit $0 < x < \dfrac{\pi}{2}$ gilt: $\sin x < x < \tan x$.

■ Sphärische Trigonometrie

Beliebiges Kugeldreieck (allgemeines sphärisches Dreieck)

Stets gelten auch die Aussagen und Formeln, die man durch zyklische Vertauschung (Z) erhält:

$a \mapsto b,\ b \mapsto c,\ c \mapsto a$;

$\alpha \mapsto \beta,\ \beta \mapsto \gamma,\ \gamma \mapsto \alpha$.

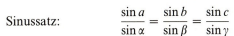

Bedingungen: $\quad 0° < a < 180°$ und $0° < \alpha < 180°$ $\hfill$ (Z)

Sätze: $\quad$ Ist $a < b$, so $\alpha < \beta$. $\quad$ Ist $\alpha < \beta$, so $a < b$. $\quad$ (Z)

$\qquad\quad a < b + c \quad$ (Z) $\qquad \alpha + \beta - \gamma < 180°$ $\quad$ (Z)

Sphärischer Exzess: $\varepsilon = \alpha + \beta + \gamma - 180°$. Stets ist $180° < \alpha + \beta + \gamma < 540°$.

Sphärischer Defekt: $d = 360° - a - b - c$. Stets ist $\quad 0° < a + b + c < 360°$.

Flächeninhalt (Kugelradius r): $\quad \dfrac{\pi \varepsilon}{180°}\, r^2 = r^2 \cdot \mathrm{arc}\, \varepsilon$

Sinussatz: $\qquad \dfrac{\sin a}{\sin \alpha} = \dfrac{\sin b}{\sin \beta} = \dfrac{\sin c}{\sin \gamma}$

Seitenkosinussatz: $\quad \cos a = \cos b \cos c + \sin b \sin c \cos \alpha$ $\hfill$ (Z)

Winkelkosinussatz: $\quad \cos \alpha = -\cos \beta \cos \gamma + \sin \beta \sin \gamma \cos a$ $\hfill$ (Z)

Sinus-Kosinus-Satz: $\quad \sin a \cos \beta = \sin c \cos b - \sin b \cos c \cos \alpha$ $\hfill$ (Z)

$\qquad\qquad\qquad \sin a \cos \gamma = \sin b \cos c - \sin c \cos b \cos \alpha$ $\hfill$ (Z)

$\qquad\qquad\qquad \sin \alpha \cos b = \sin \gamma \cos \beta + \sin \beta \cos \gamma \cos a$ $\hfill$ (Z)

$\qquad\qquad\qquad \sin \alpha \cos c = \sin \beta \cos \gamma + \sin \gamma \cos \beta \cos a$ $\hfill$ (Z)

Rechtwinkliges Kugeldreieck ($\gamma = 90°$)

$\sin a = \sin \alpha \sin c = \cot \beta \tan b \qquad\qquad\qquad\qquad \cos \alpha = \sin \beta \cos a = \tan b \cot c$

$\sin b = \sin \beta \sin c = \cot \alpha \tan a \quad \cos c = \cot \alpha \cot \beta = \cos a \cos b \quad \cos \beta = \sin \alpha \cos b = \tan a \cot c$

■ Wachstumsvorgänge

Eine Größe y ändert sich in Abhängigkeit von der Zeit t (dynamischer Vorgang).

Diskrete Behandlung

Es wird ein *Zeitschritt* der festen Länge Δt gewählt. Mithilfe eines *Iterationsverfahrens* werden diskrete Werte $y_n = y(t_n)$ für feste Zeitpunkte

$$t_0, \; t_1 = t_0 + \Delta t, \; t_2 = t_0 + 2 \cdot \Delta t, \ldots, \; t_n = t_0 + n \cdot \Delta t, \ldots \text{ ermittelt.}$$

Iterationsanfang: $y_0 = y(t_0)$

Iterationsschritt: $y_{n+1} = y_n + \alpha \cdot \Delta t$

mit der **Änderungsrate** $\alpha = \dfrac{\Delta y}{\Delta t} = \dfrac{y_{n+1} - y_n}{\Delta t}$ zum Zeitschritt der Länge Δt.

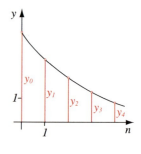

Kontinuierliche Behandlung

Mithilfe eines Funktionsterms $y(t)$ wird die Größe y in Abhängigkeit von der Zeit t dargestellt. Dies wird durch die Schreibweise $y = y(t)$ ausgedrückt.

Lineares Wachstum

Änderungsrate: $\alpha = k$

Die Änderungsrate α ist eine Konstante.

Iterationsvorschrift: $y_{n+1} = y_n + k \cdot \Delta t$

Kontinuierlicher Ansatz: $y(t) = k \cdot t + y_0$

Exponentielles Wachstum

Änderungsrate: $\alpha = k \cdot y$

Dabei ist k eine Konstante. Die Änderungsrate α ist zur Größe y proportional.

Iterationsvorschrift: $y_{n+1} = y_n + k \cdot y_n \cdot \Delta t$

Kontinuierliche Behandlung: $y(t) = y_0 \cdot q^t$ mit $q \neq 1$ und $t \geq 0$.

Ist $0 < q < 1$, dann auch $y(t) = y_0 \cdot 2^{-\frac{t}{T}}$ mit der Halbwertszeit $T = \dfrac{-\lg 2}{\lg q}$.

Es ist $y(t + T) = \dfrac{1}{2} \cdot y(t)$ für alle $t \geq 0$.

Begrenztes exponentielles Wachstum

Änderungsrate: $\alpha = k \cdot (S - y)$

k ist eine Konstante. Die Änderungsrate α ist proportional zur Differenz aus dem Sättigungswert S und der Größe y.

Iterationsvorschrift: $y_{n+1} = y_n + k \cdot (S - y_n) \cdot \Delta t$

Sättigungsmanko: $M_n = S - y_n$. Es ist $M_{n+1} = M_n - k \cdot M_n \cdot \Delta t$. Es ist auch $M(t) = M_0 \cdot q^t$ für $t \geq 0$.

Logistisches Wachstum

Änderungsrate: $\alpha = k \cdot y \cdot (S - y)$

k ist eine Konstante. Die Änderungsrate α ist proportional zum Produkt aus der Größe y und der Differenz aus dem Sättigungswert S und der Größe y.

Iterationsvorschrift: $y_{n+1} = y_n + k \cdot y_n \cdot (S - y_n) \cdot \Delta t$.

Algebraische Strukturen

■ Mengen und Abbildungen

$a \in M$ a ist Element von M $\emptyset$ bzw. $\{\}$ die leere Menge, sie besitzt kein Element
$b \notin M$ b ist nicht Element von M $\{0\}$ die Menge mit dem einzigen Element 0
$\{x \mid \ldots\}$ die Menge aller x, für die gilt ...

Gleichheit von Mengen	Zwei Mengen A und B heißen dann und nur dann gleich (in Zeichen $A = B$), wenn sie dieselben Elemente haben.
Teilmenge (Untermenge)	Eine Menge A heißt dann und nur dann (echte oder unechte) Teilmenge der Menge B ($A \subseteq B$), wenn jedes Element von A auch Element von B ist.
Obermenge	Ist A eine Teilmenge von B, so heißt B eine Obermenge von A.
Echte Teilmenge	A heißt echte Teilmenge von B ($A \subset B$), wenn A Teilmenge von B ist und es in B mindestens ein Element gibt, das nicht Element von A ist ($A \subseteq B$ und $A \neq B$).
Potenzmenge	Die Menge aller Teilmengen einer Menge M heißt die Potenzmenge $\mathscr{P}(M)$ der Menge M. Hat M genau n Elemente, so hat $\mathscr{P}(M)$ genau 2^n Elemente.
Komplementärmenge	Zugrunde liegt eine Menge M. Ist $A \subseteq M$, so heißt die Menge $\overline{A} = M \setminus A := \{x \mid x \in M \text{ und } x \notin A\}$ die Komplementärmenge (Komplementmenge) von A bezüglich M.

Sind A und B Mengen, dann heißen

■ $A \cup B$ die **Vereinigungsmenge**   ■ $A \cap B$ die **Durchschnittsmenge**   ■ $A \setminus B$ die **Differenzmenge**

$A \cup B = \{x \mid x \in A \text{ oder } x \in B\}$ $A \cap B = \{x \mid x \in A \text{ und } x \in B\}$ $A \setminus B = \{x \mid x \in A \text{ und } x \notin B\}$

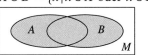 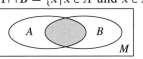 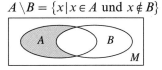

Anordnung: Ist $A \subseteq B$, so $A \cup B = B$ und umgekehrt; ist $A \subseteq B$, so $A \cap B = A$ und umgekehrt; ist $A \subseteq B$, so $\overline{B} \subseteq \overline{A}$ und umgekehrt.

Gesetze der Mengenalgebra

Zugrunde liegt eine Menge M. Für alle Teilmengen A, B und C von M gelten:

Kommutativgesetze	$A \cup B = B \cup A$	$A \cap B = B \cap A$
Assoziativgesetze	$A \cup (B \cup C) = (A \cup B) \cup C$	$A \cap (B \cap C) = (A \cap B) \cap C$
Idempotenzgesetze	$A \cup A = A$	$A \cap A = A$
Distributivgesetze	$A \cup (B \cap C) = (A \cup B) \cap (A \cup C)$	$A \cap (B \cup C) = (A \cap B) \cup (A \cap C)$
Verschmelzungsgesetze	$A \cup (A \cap B) = A$	$A \cap (A \cup B) = A$
Komplementaritätsgesetze	$A \cup \overline{A} = M$	$A \cap \overline{A} = \emptyset$
De Morgansche Gesetze	$\overline{A \cup B} = \overline{A} \cap \overline{B}$	$\overline{A \cap B} = \overline{A} \cup \overline{B}$

--- **Relationen (Beziehungen)** ---

- $A \times B := \{(a, b) \mid a \in A \text{ und } b \in B\}$ heißt das **kartesische Produkt** (die Produktmenge) von A und B. $A \times B$ besitzt als Elemente die *geordneten Paare* (a, b), wobei die erste Komponente a ein Element von A und die zweite Komponente b ein Element von B ist. Zwei (geordnete) Paare (a, b) und (c, d) sind dann und nur dann gleich, wenn $a = c$ und $b = d$ erfüllt sind. Jede Teilmenge $R \subseteq A \times B$ heißt (zweistellige) **Relation zwischen A und B.**

Ordnungsrelation

- Eine Menge M heißt *halbgeordnet*, wenn auf ihr eine zweistellige Relation $R \subseteq M \times M$ erklärt ist (statt $a R b$ schreiben wir $a \leq b$), welche die folgenden Eigenschaften hat:

Reflexiv: Für alle $a \in M$ ist $a \leq a$.

Identitiv: Ist $a \leq b$ und $b \leq a$, so ist stets auch $a = b$.

Transitiv: Ist $a \leq b$ und $b \leq c$, so ist stets auch $a \leq c$.

- M heißt sogar *totalgeordnet*, wenn zusätzlich folgende Forderung erfüllt ist:

Konnex: Für alle a und b aus M gilt stets $a \leq b$ oder $b \leq a$.

Äquivalenzrelation

- Eine Relation $R \subseteq M \times M$ (statt $a R b$ schreiben wir $a \sim b$) heißt eine Äquivalenzrelation, wenn sie folgende Eigenschaften besitzt:

Reflexiv: Für alle $a \in M$ ist $a \sim a$.

Symmetrisch: Ist $a \sim b$, so ist stets auch $b \sim a$.

Transitiv: Ist $a \sim b$ und $b \sim c$, so ist stets auch $a \sim c$.

- Eine Äquivalenzrelation bewirkt eine Zerlegung der Menge M in paarweise disjunkte Teilmenge (*Äquivalenzklassen*), dabei sind in jeder Teilmenge nur zueinander äquivalente Elemente.

--- **Abbildungen, Funktionen** ---

- Eine Abbildung (Funktion) f der Menge D in die Menge B ordnet jedem Element x von D eindeutig ein Element $f(x)$ von B zu:

$f : D \to B$ mit der Elementzuordnung $x \mapsto f(x)$.

Gelesen: „x wird abgebildet auf f von x".

- Ist B eine Menge reeller Zahlen, so spricht man (meist) von einer *Funktion*; ist $D = \mathbb{N}$, so heißt f eine *Folge*.

D Definitionsmenge, Quelle von f, Urbildmenge, Argumentbereich, Originalmenge

B Zielmenge, Bildmenge

x Urbild, Original

$f(x)$ Bild von x, Funktionswert zu x (gelesen: „f von x")

$f(D) := \{y \mid \text{Es gibt mindestens ein } x \in D \text{ mit } y = f(x)\}$ heißt Menge der Werte von f, Wertemenge, Menge der Bilder. Stets gilt $f(D) \subseteq B$.

$f : D \to B$ heißt **surjektiv**, wenn jedes Element von B als Bildelement wenigstens einmal auftritt.

$f : D \to B$ heißt **injektiv** (eineindeutig, umkehrbar), wenn verschiedene Urbilder stets auch verschiedene Bilder haben. (Aus $f(x_1) = f(x_2)$ folgt stets $x_1 = x_2$.)

- Eine Abbildung, die zugleich surjektiv und injektiv ist, heißt **bijektiv**.

Verketten (Hintereinanderausführen) von Abbildungen

- Ist die Bildmenge B von $f : A \to B$ gleichzeitig die Definitionsmenge von $g : B \to C$, so existiert die Verkettung $g \circ f$ von f und g (gelesen: „g nach f", „g nach f ausgeführt"):
  $g \circ f : A \to C$ mit $x \mapsto (g \circ f)(x) = g[f(x)]$.

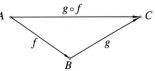

- Das Verketten von verkettbaren Abbildungen ist assoziativ:
  $h \circ (g \circ f) = (h \circ g) \circ f$.

Inverse Abbildung, Umkehrabbildung

- Die Abbildung $id_A : A \to A$ mit $id_A(x) = x$ für alle $x \in A$ heißt die *identische Abbildung* der Menge A auf sich.

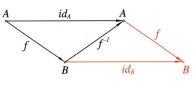

- Ist $f : A \to B$ bijektiv, so gibt es genau eine Umkehrabbildung (inverse Abbildung) $f^{-1} : B \to A$ mit $f^{-1}(y) = x$, wenn $y = f(x)$ erfüllt ist.
  Dabei gelten: $f^{-1} \circ f = id_A$ und $f \circ f^{-1} = id_B$.

■ Algebraische Strukturen

Eine (zweistellige) *innere Verknüpfung* auf einer (nicht-leeren) Menge M ist eine Abbildung des kartesischen Produktes $M \times M$ in die Menge M. Wird $(a, b) \in M \times M$ bei der Verknüpfung $\circ$ in c abgebildet, so schreibt man $(a, b) \mapsto c$ oder $c = \circ(a, b)$ oder $c = a \circ b$ (vgl.: $\max(a, b)$; $a + b$).

Halbgruppe

Eine algebraische Struktur $(H, \circ)$ heißt eine Halbgruppe, wenn das Assoziativgesetz erfüllt ist:
Für alle a, b und c aus H ist $a \circ (b \circ c) = (a \circ b) \circ c$.
Beispiele: $(\mathbb{N}, +)$, $(\mathbb{N}, \cdot)$, $(\mathbb{Z}, \cdot)$, $(\mathbb{R}, \cdot)$. Ist M eine Menge, A die Menge der Abbildungen von M auf sich, $\circ$ das Hintereinanderausführen (Verketten), so ist $(A, \circ)$ eine Halbgruppe.

Gruppe

Eine algebraische Struktur $(G, \circ)$ heißt eine Gruppe, wenn die folgenden Gesetze erfüllt sind:

Assoziativgesetz:	Für alle a, b und c aus G ist $a \circ (b \circ c) = (a \circ b) \circ c$.
Existenz eines neutralen Elementes:	Es gibt in G (mindestens) ein Element e (neutrales Element genannt) derart, dass für alle a aus G gilt: $e \circ a = a \circ e = a$.
Existenz des Inversen a^{-1} zu jedem Element a:	Zu jedem a aus G gibt es (mindestens) ein a^{-1} aus G mit $a^{-1} \circ a = a \circ a^{-1} = e$.

Beispiele: $(\mathbb{Z}, +)$, $(\mathbb{Q}^+, \cdot)$, $(\mathbb{R}, +)$, $(\mathbb{R}^+, \cdot)$, $(\mathbb{R} \setminus \{0\}, \cdot)$. Gruppen sind die Menge der bijektiven Abbildungen einer Menge auf sich mit dem Hintereinanderausführen als Verknüpfung; die Menge der Ähnlichkeitsabbildungen der Ebene mit dem Hintereinanderausführen als Verknüpfung; die Menge der Kongruenzabbildungen der Ebene mit dem Hintereinanderausführen als Verknüpfung.

Eigenschaften

- In jeder Gruppe $(G, \circ)$ gibt es ein einziges neutrales Element e.
- Zu jedem a aus G gibt es ein einziges inverses Element a^{-1}.
- In jeder Gruppe gibt es zu beliebig fest vorgegebenen a und b aus G stets genau ein x aus G mit $x \circ a = b$ und stets genau ein y aus G mit $a \circ y = b$.

■ Eine Gruppe $(G, \circ)$ heißt **kommutative (Abelsche) Gruppe,** wenn das Kommutativgesetz erfüllt ist: Für alle a und b aus G ist $a \circ b = b \circ a$.

Kommutativer Ring

Eine algebraische Struktur $(R, +, \cdot)$ heißt kommutativer Ring, wenn folgende Bedingungen erfüllt sind:

– $(R, +)$ ist eine kommutative Gruppe,
– $(R, \cdot)$ ist eine kommutative Halbgruppe,
– das Distributivgesetz: Für alle a, b und c aus R ist $a \cdot (b + c) = a \cdot b + a \cdot c$.

Beispiele: $(\mathbb{Z}, +, \cdot)$, Ring der Restklassen modulo n.

Eigenschaften

■ Ist $-a$ das zu a additiv inverse Element, so ist

$$(-a) \cdot b = -(a \cdot b); \quad (-a) \cdot (-b) = a \cdot b; \quad a - (b + c - d) = a - b - c + d.$$

■ Ist 0 das neutrale Element bezüglich der Addition $+$, so ist für alle a aus R stets $a \cdot 0 = 0$.
Es ist $a \cdot b = 0$ und $a \neq 0$ und $b \neq 0$ möglich. In diesem Fall heißen a und b *Nullteiler*.

Körper

Eine algebraische Struktur $(K, +, \cdot)$ heißt ein Körper, wenn folgende Bedingungen erfüllt sind:

– $(K, +)$ ist eine kommutative Gruppe mit dem neutralen Element 0 (Null),
– $(K \setminus \{0\}, \cdot)$ ist eine kommutative Gruppe mit dem neutralen Element 1 (Eins).
– das Distributivgesetz: Für alle a, b und c aus K ist $a \cdot (b + c) = a \cdot b + a \cdot c$.

Beispiele: $(\mathbb{Q}, +, \cdot)$, $(\mathbb{R}, +, \cdot)$, $(\mathbb{C}, +, \cdot)$, Körper der Restklassen modulo p, wobei p eine Primzahl ist.

Eigenschaften

Jeder Körper ist *nullteilerfrei*, das heißt, dass aus $a \cdot b = 0$ stets $a = 0$ oder $b = 0$ folgt.
Zu beliebig fest vorgegebenen a und b mit $a \neq 0$ aus K gibt es stets genau ein $x \in K$ mit $a \cdot x = b$.
Man schreibt $x = b : a$ (Existenz und Eindeutigkeit der Division durch $a \neq 0$).

Boolesche Algebra

Eine algebraische Struktur $(B, \sqcup, \sqcap, -)$ mit zwei zweistelligen Verknüpfungen $\sqcup$ und $\sqcap$ und einer einstelligen Verknüpfung $-$ (Abbildung von B in B) heißt Boolesche Algebra, wenn folgende Gesetze erfüllt sind:

Kommutativgesetze

$(K_\sqcup)$ Für alle a und b aus B ist $a \sqcup b = b \sqcup a$. $\quad (K_\sqcap)$ Für alle a und b aus B ist $a \sqcap b = b \sqcap a$.

Distributivgesetze

$(D_\sqcup)$ Für alle a, b und c aus B ist
$a \sqcup (b \sqcap c) = (a \sqcup b) \sqcap (a \sqcup c)$.

$(D_\sqcap)$ Für alle a, b und c aus B ist
$a \sqcap (b \sqcup c) = (a \sqcap b) \sqcup (a \sqcap c)$.

Existenz neutraler Elemente und Eigenschaften des Komplementes

Es gibt mindestens eine Element 0 aus B so,
dass für alle a aus B gilt:
$(N_\sqcup)$ $a \sqcup 0 = a$,
$(C_\sqcap)$ $a \sqcap \bar{a} = 0$.

Es gibt mindestens ein Element 1 aus B so,
dass für alle a aus B gilt:
$(N_\sqcap)$ $a \sqcap 1 = a$,
$(C_\sqcup)$ $a \sqcup \bar{a} = 1$.

Weitere Eigenschaften einer Booleschen Algebra

Existenz und Eindeutigkeit der neutralen Elemente.
Es gibt genau ein Nullelement 0 und genau ein Einselement 1.

Satz vom doppelten Komplement
Für jedes Element a aus B ist $\bar{\bar{a}} = a$.

Assoziativgesetze

$(A_\sqcup)$ Für alle a, b und c aus B ist
   $a \sqcup (b \sqcup c) = (a \sqcup b) \sqcup c$.

$(A_\sqcap)$ Für alle a, b und c aus B ist
   $a \sqcap (b \sqcap c) = (a \sqcap b) \sqcap c$.

Idempotenzgesetze

$(I_\sqcup)$ Für alle a aus B ist $a \sqcup a = a$.

$(I_\sqcap)$ Für alle a aus B ist $a \sqcap a = a$.

Verschmelzungsgesetze (Absorptionsgesetze)

$(V_\sqcup)$ Für alle a und b aus B ist $a \sqcup (a \sqcap b) = a$.

$(V_\sqcap)$ Für alle a und b aus B ist $a \sqcap (a \sqcup b) = a$.

De Morgansche Gesetze

$(M_\sqcup)$ Für alle a und b aus B ist $\overline{a \sqcup b} = \bar{a} \sqcap \bar{b}$.

$(M_\sqcap)$ Für alle a und b aus B ist $\overline{a \sqcap b} = \bar{a} \sqcup \bar{b}$.

Aussagen über die neutralen Elemente

$(E_\sqcup)$ Für alle a aus B ist $a \sqcup 1 = 1$.

$(E_\sqcap)$ Für alle a aus B ist $a \sqcap 0 = 0$.

Halbordnung
Jeder Booleschen Algebra kann eine Halbordnung zugeordnet werden: Ist $a \sqcup b = b$, dann ist $a \leq b$ und umgekehrt.

Beispiele: $(\mathscr{P}(M), \cup, \cap, -)$ für jede feste Menge M. Lässt sich die natürliche Zahl n nur in verschiedene Primzahlen zerlegen, so kann über der Menge der Teiler von n mit den Verknüpfungen kgV (kleinstes gemeinsames Vielfaches) und ggT (größter gemeinsamer Teiler) eine Boolesche Algebra aufgebaut werden.

--- **Aussagenlogik** ---

Verknüpfungen der Wahrheitswertealgebra

Menge der Wahrheitswerte $W = \{w, f\}$; w (wahr), f (falsch).

Negation:	$\neg p$	nicht p, non p.
Disjunktion:	$p \vee q$	p oder q (nicht ausschließendes oder); p vel q.
Konjunktion:	$p \wedge q$	p und q; sowohl p als auch q.
Alternative:	$p \oplus q$	entweder p oder q (ausschließendes oder); p aut q.
Subjunktion:	$p \rightarrow q$	wenn p, dann q; p subjungiert q.
Bijunktion:	$p \leftrightarrow q$	genau dann p, wenn q; p bijungiert q.

Zusammenhänge

$p \rightarrow q = \neg p \vee q$

$p \leftrightarrow q = (\neg p \vee q) \wedge (p \vee \neg q)$

$p \leftrightarrow q = (p \wedge q) \vee (\neg p \wedge \neg q)$

$p \oplus q = (p \vee q) \wedge (\neg p \vee \neg q)$

$p \oplus q = (p \wedge \neg q) \vee (\neg p \wedge q)$

Wahrheitswertetafeln

p	$\neg p$
w	f
f	w

p	q	$p \vee q$	$p \wedge q$	$p \oplus q$	$p \to q$	$p \leftrightarrow q$
w	w	w	w	f	w	w
w	f	w	f	w	f	f
f	w	w	f	w	w	f
f	f	f	f	f	w	w

$(W, \vee, \wedge, \neg)$ ist eine Boolesche Algebra; f ist neutrales Element bezüglich $\vee$ und w ist neutrales Element bezüglich $\wedge$. $(W, \oplus, \wedge)$ ist ein Körper.

Tautologien (Wahrformen)

Eine Tautologie nimmt bei jeder Belegung der Wahrheitswertvariablen mit Elementen aus W den Wert w an.

Gesetz vom ausgeschlossenen Dritten: $p \vee \neg p$

Gesetz vom Widerspruch: $\neg(p \wedge \neg p)$

Gesetz von der doppelten Verneinung: $\neg(\neg p) \leftrightarrow p$

Abtrennungsregel: $a \wedge (a \to b) \to b$

Kettenschluss: $(a \to b) \wedge (b \to c) \to (a \to c)$

Alternativschluss: $(a \to b) \wedge (\neg a \to b) \to b$

Kontrapositionsgesetz: $(a \to b) \leftrightarrow (\neg b \to \neg a)$

Indirekte Schlussweise: $a \wedge (\neg b \to \neg a) \to b$

Schaltalgebra

Jeder Schalter hat zwei stabile Zustände:

Zustand 0: Er ist geöffnet (nicht leitend).

Zustand 1: Er ist geschlossen (leitend).

Parallelschaltung   Serienschaltung

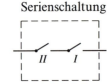

Zustände von

Schalter I	II	Parallel-schaltung	Serien-schaltung
0	0	0	0
0	1	1	0
1	0	1	0
1	1	1	1
a	b	$a \sqcup b$	$a \sqcap b$

Negation: $-\boxed{a}-$ mit $\bar{0} = 1, \bar{1} = 0$.

$(\{0; 1\}, \sqcup, \sqcap, -)$ ist eine **Boolesche Algebra**.

Gatterdarstellung

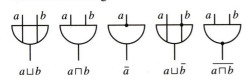

$a \sqcup b$ $a \sqcap b$ $\bar{a}$ $a \sqcup \bar{b}$ $a \sqcap \bar{b}$

Beispiel für eine **Boolesche Funktion** f

Funktionswerte:

$f(0,1,0) = f(0,1,1) = f(1,1,0) = 1;$

$f(0,0,0) = f(0,0,1) = f(1,0,0) = f(1,0,1)$

$\qquad = f(1,1,1) = 0.$

Funktionsterm in vollständiger disjunktiver Normalform:

$f(x,y,z) = (\bar{x} \sqcap y \sqcap \bar{z}) \sqcup (\bar{x} \sqcap y \sqcap z) \sqcup (x \sqcap y \sqcap \bar{z})$

Vereinfachungen des Funktionsterms:

$f(x,y,z) = [(\bar{x} \sqcap y) \sqcap (\bar{z} \sqcup z)] \sqcup (x \sqcap y \sqcap \bar{z})$

$\qquad = (\bar{x} \sqcap y \sqcap 1) \sqcup (x \sqcap y \sqcap \bar{z})$

$\qquad = (\bar{x} \sqcap y) \sqcup (x \sqcap y \sqcap \bar{z})$

$\qquad = y \sqcap [\bar{x} \sqcup (x \sqcap \bar{z})]$

$\qquad = y \sqcap [(\bar{x} \sqcup x) \sqcap (\bar{x} \sqcup \bar{z})]$

$\qquad = y \sqcap (\bar{x} \sqcup \bar{z})$

Die folgenden gleichwertigen Schaltungen realisieren jeweils die Funktion f:

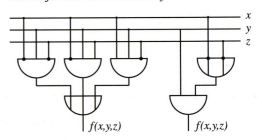

$f(x,y,z)$ $f(x,y,z)$

Strecken, Dreiecke

■ Die Strecke $[P_1 P_2]$ mit den Endpunkten $P_1(x_1|y_1)$ und $P_2(x_2|y_2)$ hat die **Länge**

$$d = \overline{P_1 P_2} = \sqrt{(x_2 - x_1)^2 + (y_2 - y_1)^2} = \sqrt{(x_1 - x_2)^2 + (y_1 - y_2)^2}$$

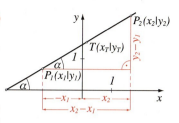

und die **Steigung** $m = \tan \alpha = \dfrac{y_2 - y_1}{x_2 - x_1} = \dfrac{y_1 - y_2}{x_1 - x_2}$

mit dem **Richtungswinkel** α, welcher der orientierte Winkel zwischen der positiven x-Achse und $P_1 P_2$ ist. Dabei ist $\alpha \neq 90°$ und $0° \leq \alpha < 180°$.

■ Der Punkt $T(x_T|y_T)$ der Geraden $P_1 P_2$ hat bezüglich der Strecke $[P_1 P_2]$ das **Teilverhältnis**

$$\lambda = \frac{x_T - x_1}{x_2 - x_T} = \frac{y_T - y_1}{y_2 - y_T}, \text{ wobei } \overline{P_1 T} = |\lambda| \, \overline{T P_2} \text{ gilt.}$$

Hat der Punkt $T(x_T|y_T)$ der Geraden $P_1 P_2$ bezüglich der Strecke $[P_1 P_2]$ das Teilverhältnis $\lambda \neq 1$,

so hat T die Koordinaten $x_T = \dfrac{x_1 + \lambda x_2}{1 + \lambda}$, $y_T = \dfrac{y_1 + \lambda y_2}{1 + \lambda}$.

■ **Mittelpunkt** $M(x_M|y_M)$ der Strecke $[P_1 P_2]$ für $\lambda = 1$: $x_M = \dfrac{x_1 + x_2}{2}$, $y_M = \dfrac{y_1 + y_2}{2}$.

■ **Flächeninhalt eines Dreiecks**

Das Dreieck $P_1 P_2 P_3$ mit $P_1(x_1|y_1)$, $P_2(x_2|y_2)$, $P_3(x_3|y_3)$ hat den orientierten Flächeninhalt

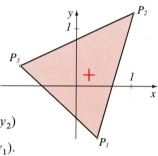

$$A = \frac{1}{2}[(x_1 y_2 - x_2 y_1) + (x_2 y_3 - x_3 y_2) + (x_3 y_1 - x_1 y_3)];$$

dann und nur dann ist $A > 0$, wenn das Dreieck $P_1 P_2 P_3$ positiv orientiert ist.

Sonderfall: Das Dreieck $O P_1 P_2$ mit $O(0|0)$, $P_1(x_1|y_1)$, $P_2(x_2|y_2)$

hat den orientierten Flächeninhalt $A = \dfrac{1}{2}\begin{vmatrix} x_1 & y_1 \\ x_2 & y_2 \end{vmatrix} = \dfrac{1}{2}(x_1 y_2 - x_2 y_1)$.

■ **Schwerpunkt** $S(x_S|y_S)$ des Dreiecks $P_1 P_2 P_3$: $x_S = \dfrac{x_1 + x_2 + x_3}{3}$, $y_S = \dfrac{y_1 + y_2 + y_3}{3}$.

Geraden

■ **Hauptform** der Geradengleichung

$g: y = mx + b$ (Steigung $m = \tan \alpha$, Schnittpunkt $S_y(0|b)$ mit der y-Achse),

$h: x = a$ (Parallele zur y-Achse durch den Punkt $S_x(a|0)$ der x-Achse).

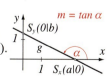

■ **Allgemeine Form** der Geradengleichung:

$g: ax + by + c = 0$ mit $(a; b) \neq (0; 0)$.

■ **Umformung in die Hessesche Normalform:**

$$g: \frac{ax + by + c}{\pm\sqrt{a^2 + b^2}} = 0 \text{ mit } \begin{cases} +\sqrt{}, \text{ wenn } c \leq 0 \\ -\sqrt{}, \text{ wenn } c > 0 \end{cases}$$

■ **Abstand** d des Punktes $P(x_P|y_P)$ von der Geraden g:

$$d = \left| \frac{ax_P + by_P + c}{\pm\sqrt{a^2 + b^2}} \right|$$

■ **Achsenabschnitts-Form** der Geradengleichung

$g: \dfrac{x}{a} + \dfrac{y}{b} = 1$ (Schnittpunkte mit den Koordinatenachsen sind $S_x(a|0)$, $S_y(0|b)$ für $a, b \neq 0$).

■ **Parameterdarstellung** der Geraden g mit dem Richtungswinkel α durch den Punkt $A(x_A | y_A)$:

$$\left. \begin{array}{l} x = x_A + t \cdot \cos \alpha \\ y = y_A + t \cdot \sin \alpha \end{array} \right\} \text{ mit } t \in \mathbb{R} \ (t \text{ heißt Parameter}).$$

Eine Gerade g kann vorgegeben werden

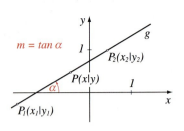

■ durch einen ihrer Punkte $P_1(x_1 | x_2)$ und die Steigung m.

$g: y - y_1 = m(x - x_1)$ **(Punkt-Steigungs-Form)**

■ durch zwei ihrer Punkte $P_1(x_1 | y_1)$ und $P_2(x_2 | y_2)$.

$g: y - y_1 = \dfrac{y_2 - y_1}{x_2 - x_1} (x - x_1)$ **(Zwei-Punkte-Form)**

Zwei Geraden

■ Die Geraden $g_1 : y = m_1 x + b_1$ und $g_2 : y = m_2 x + b_2$ sind dann und nur dann *parallel*, wenn gilt: $m_1 = m_2$;
orthogonal (*zueinander senkrecht*), wenn $m_1 m_2 = -1$ erfüllt ist.

■ Größe γ des **spitzen Winkels** zwischen den Geraden g_1 und g_2: $\tan \gamma = \left| \dfrac{m_2 - m_1}{1 + m_1 m_2} \right|$ mit $0° \leq \gamma < 90°$.

■ **Winkelgröße δ einer Drehung**, die g_1 in g_2 überführt: $\tan \delta = \dfrac{m_2 - m_1}{1 + m_1 m_2}$ mit $0° \leq \delta < 180°$, $\delta \neq 90°$.

■ Die Geraden $g_1 : A_1 x + B_1 y + C_1 = 0$ und $g_2 : A_2 x + B_2 y + C_2 = 0$ seien durch Gleichungen in Hessescher Normalform gegeben ($A_1^2 + B_1^2 = 1$ und $C_1 \leq 0$; $A_2^2 + B_2^2 = 1$ und $C_2 \leq 0$).

Dann lassen sich die beiden **Winkelhalbierenden** wie folgt darstellen:

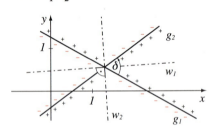

$w_1 : A_1 x + B_1 y + C_1 = A_2 x + B_2 y + C_2$

$w_2 : A_1 x + B_1 y + C_1 = -(A_2 x + B_2 y + C_2)$

Koordinatentransformationen (Geometrische Figuren fest)

Ein kartesisches Koordinatensystem $(0; x, y)$ geht in ein neues kartesisches Koordinatensystem $(\bar{0}; \bar{x}, \bar{y})$ über. Sind x, y die Koordinaten des Punktes $P(x | y)$ im alten System (x alte *Abszisse*, y alte *Ordinate*), dann sind $\bar{x}, \bar{y}$ die Koordinaten des gleichen Punktes $P(\bar{x} | \bar{y})$ im neuen System ($\bar{x}$ neue Abszisse, $\bar{y}$ neue Ordinate).

■ **Parallelverschiebung des Koordinatensystems**
Verschiebungsvektor $\vec{v} = x_0 \vec{e}_x + y_0 \vec{e}_y$

$\bar{x} = x - x_0$
$\bar{y} = y - y_0$

$x = \bar{x} + x_0$
$y = \bar{y} + y_0$

■ **Drehung des Koordinatensystems**
Drehzentrum 0, Drehwinkel α

$\bar{x} = \quad x \cdot \cos \alpha + y \cdot \sin \alpha$
$\bar{y} = -x \cdot \sin \alpha + y \cdot \cos \alpha$

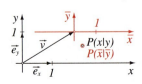

$x = \quad \bar{x} \cdot \cos \alpha - \bar{y} \cdot \sin \alpha$
$y = \quad \bar{x} \cdot \sin \alpha + \bar{y} \cdot \cos \alpha$

Elementare Abbildungen der Ebene auf sich (Koordinatensystem fest)

Man kann die Ebene auf zwei identisch aufeinanderliegende Koordinatensysteme, ein xy-System und ein $\bar{x}\bar{y}$-System, beziehen.

Urpunkte und Urfiguren (abzubildende Punkte und Figuren) werden im xy-System, Bildpunkte und Bildfiguren (abgebildete Punkte und Figuren) im $\bar{x}\bar{y}$-System beschrieben. Wird der Punkt A als $A(x\,|\,y)$ angegeben, so wird A als ein Urpunkt aufgefasst; wird derselbe Punkt A als $A(\bar{x}\,|\,\bar{y})$ angegeben, so wird A als ein Bildpunkt aufgefasst.

$$\text{Urpunkt (Originalpunkt) } P(x\,|\,y) \bullet \text{ Bildpunkt } \bar{P}(\bar{x}\,|\,\bar{y})$$
$$\text{Abbildung } \alpha\colon P(x\,|\,y) \mapsto \bar{P}(\bar{x}\,|\,\bar{y}).$$

■ **Parallelverschiebung** (Translation)
Verschiebungsvektor $\vec{v} = x_0\,\vec{e}_x + y_0\,\vec{e}_y$

Abbildungsgleichungen
$\bar{x} = x + x_0$
$\bar{y} = y + y_0$
Umkehrabbildungs-
gleichungen
$x = \bar{x} - x_0$
$y = \bar{y} - y_0$

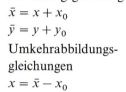

■ **Drehung** (Rotation)
um das Zentrum $O(0\,|\,0)$ mit dem Drehwinkel α

Abbildungsgleichungen
$\bar{x} = \quad x\cos\alpha - y\sin\alpha$
$\bar{y} = \quad x\sin\alpha + y\cos\alpha$
Umkehrabbildungs-
gleichungen
$x = \quad \bar{x}\cos\alpha + \bar{y}\sin\alpha$
$y = -\bar{x}\sin\alpha + \bar{y}\cos\alpha$

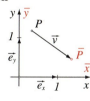
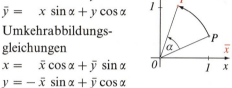

■ **Punktspiegelung am Zentrum** $O(0\,|\,0)$
$\bar{x} = -x$
$\bar{y} = -y$

■ **Punktspiegelung am Zentrum** $M(a\,|\,b)$
$\bar{x} = -x + 2a$
$\bar{y} = -y + 2b$

■ **Spiegelung an der x-Achse**
$\bar{x} = \quad x$
$\bar{y} = -y$

■ **Spiegelung an der y-Achse**
$\bar{x} = -x$
$\bar{y} = \quad y$

■ **Spiegelung a.d. 1. Winkelhalbierenden** $w_1\colon y = x$
$\bar{x} = y$
$\bar{y} = x$

■ **Spiegelung an der Geraden** $g\colon x = c$
$\bar{x} = -x + 2c$
$\bar{y} = y$

■ **Spiegelung an der Geraden** $g\colon y = x\tan\varphi + c$
$\bar{x} = x\cos 2\varphi + y\sin 2\varphi - c\sin 2\varphi$
$\bar{y} = x\sin 2\varphi - y\cos 2\varphi + 2c\cos^2\varphi$
$x = \bar{x}\cos 2\varphi + \bar{y}\sin 2\varphi - c\sin 2\varphi$
$y = \bar{x}\sin 2\varphi - \bar{y}\cos 2\varphi + 2c\cos^2\varphi$

■ **Drehung um** $D(a\,|\,b)$ **um den Drehwinkel** α
$\bar{x} = \quad (x-a)\cos\alpha - (y-b)\sin\alpha + a$
$\bar{y} = \quad (x-a)\sin\alpha + (y-b)\cos\alpha + b$
$x = \quad (\bar{x}-a)\cos\alpha + (\bar{y}-b)\sin\alpha + a$
$y = -(\bar{x}-a)\sin\alpha + (\bar{y}-b)\cos\alpha + b$

■ **Zentrische Streckung mit dem Zentrum** $O(0\,|\,0)$
und dem Streckungsfaktor $k \neq 0$
$\bar{x} = kx$
$\bar{y} = ky$

■ **Zentrische Streckung mit dem Zentrum** $Z(a\,|\,b)$
und dem Streckungsfaktor $k \neq 0$
$\bar{x} = kx + (1-k)a$
$\bar{y} = ky + (1-k)b$

■ **Orthogonale Achsenaffinität** mit der x-Achse
als Achse und dem Affinitätsverhältnis $k \neq 0$
$\bar{x} = x$
$\bar{y} = ky$

■ **Orthogonale Achsenaffinität** mit der y-Achse
als Achse und dem Affinitätsverhältnis $s \neq 0$
$\bar{x} = sx$
$\bar{y} = y$

Kreise

- Kreis K mit Radius r und Mittelpunkt $M(0|0)$
  Kreisgleichung:

  $K: x^2 + y^2 = r^2$

  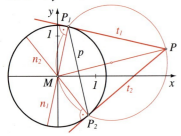

- Tangente t mit dem Berührpunkt $P_1(x_1|y_1)$

  $t: x_1 x + y_1 y = r^2$

- Normale n im Kreispunkt $P_1(x_1|y_1)$

  $n: y = \dfrac{y_1}{x_1}(x - x_1) + y_1$

- Polare p zum Pol $P(x_P|y_P)$

  $p: x_P x + y_P y = r^2$

- Tangentenbedingung

  $g: y = mx + c$ ist dann und nur dann eine Tangente an $K: x^2 + y^2 = r^2$, wenn $r^2(m^2 + 1) - c^2 = 0$ erfüllt ist.

- Parameterdarstellung

  $\left.\begin{array}{l} x = r \cos\varphi \\ y = r \sin\varphi \end{array}\right\}$ mit $0 \le \varphi < 2\pi$

- Kreis K mit Radius r und Mittelpunkt $M(x_0|y_0)$

  $K: (x - x_0)^2 + (y - y_0)^2 = r^2$

  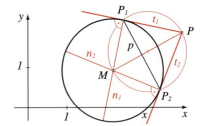

- Tangente t mit dem Berührpunkt $P_1(x_1|y_1)$

  $t: (x_1 - x_0)(x - x_0) + (y_1 - y_0)(y - y_0) = r^2$

- Normale n im Kreispunkt $P_1(x_1|y_1)$

  $n: y = \dfrac{y_1 - y_0}{x_1 - x_0}(x - x_1) + y_1$

- Polare p zum Pol $P(x_P|y_P)$

  $p: (x_P - x_0)(x - x_0) + (y_P - y_0)(y - y_0) = r^2$

- Tangentenbedingung

  $g: y = mx + c$ ist dann und nur dann eine Tangente an $K: (x - x_0)^2 + (y - y_0)^2 = r^2$, wenn $r^2(m^2 + 1) - (c + mx_0 - y_0)^2 = 0$ erfüllt ist.

- Parameterdarstellung

  $\left.\begin{array}{l} x = x_0 + r \cos\varphi \\ y = y_0 + r \sin\varphi \end{array}\right\}$ mit $0 \le \varphi < 2\pi$

Ellipse als orthogonal-affines (senkrecht affines) Bild ihres Hauptkreises
---

- Unterwirft man den Hauptkreis $K_a: x^2 + y^2 = a^2$ der orthogonalen (senkrechten) Achsenaffinität mit der x-Achse als Affinitätsachse (Fixpunktgeraden), welche durch die Abbildungsgleichungen

  $\bar{x} = x$ und $\bar{y} = \dfrac{b}{a} y$ gegeben ist, so ergibt sich als Bildkurve die

  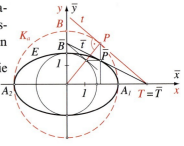

  Ellipse $E: \dfrac{\bar{x}^2}{a^2} + \dfrac{\bar{y}^2}{b^2} = 1$ bzw. $E: b^2 \bar{x}^2 + a^2 \bar{y}^2 = a^2 b^2$.

- Die Bildgeraden zweier orthogonaler (senkrechter) Urgeraden

  heißen *konjugiert*; konjugierte Richtungen: $m_1 m_2 = -\dfrac{b^2}{a^2}$.

- Flächeninhalt der Ellipse: $A = \dfrac{b}{a} \cdot \pi a^2 = \pi ab$.

Analytische Geometrie der Ebene

───── Ellipse und Hyperbel in Normallage mit dem Mittelpunkt $M(0|0)$ ─────

Ellipse

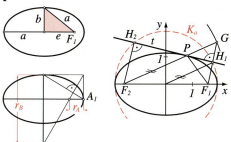

Hyperbel

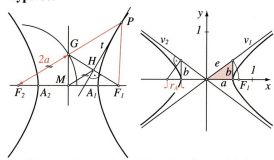

- Vorgegeben sind zwei feste Punkte $F_1(e|0)$ und $F_2(-e|0)$, die *Brennpunkte*, sowie eine feste Länge $2a$, die Länge der Hauptachse.

- Die Ellipse E ist die Menge der Punkte P mit der Eigenschaft $\overline{PF_1} + \overline{PF_2} = 2a = \text{const.}$

- Es ist $\overline{F_2G} = 2a$; $\overline{MH} = a$; $\overline{PG} = \overline{PF_1}$; $\sphericalangle H_1PG = \sphericalangle F_1PH_1$

- Vorgegeben sind zwei feste Punkte $F_1(e|0)$ und $F_2(-e|0)$, die *Brennpunkte*, sowie eine feste Länge $2a$, die Entfernung der Scheitel.

- Die Hyperbel H ist die Menge der Punkte P mit der Eigenschaft $|\overline{PF_1} - \overline{PF_2}| = 2a = \text{const.}$

- Es ist $\overline{F_2G} = 2a$; $\overline{MH} = a$; $\overline{PG} = \overline{PF_1}$; $\sphericalangle GPH = \sphericalangle HPF_1$

Gesucht	Ellipse	Hyperbel
Kurvengleichung	$E: \dfrac{x^2}{a^2} + \dfrac{y^2}{b^2} = 1$	$H: \dfrac{x^2}{a^2} - \dfrac{y^2}{b^2} = 1$
Hauptscheitel	$A_1(a|0),\ A_2(-a|0)$	$A_1(a|0),\ A_2(-a|0)$
Nebenscheitel	$B_1(0|b),\ B_2(0|-b)$	–
Tangente t mit dem Berührpunkt $P(x_1|y_1)$	$t: \dfrac{x_1 x}{a^2} + \dfrac{y_1 y}{b^2} = 1$	$t: \dfrac{x_1 x}{a^2} - \dfrac{y_1 y}{b^2} = 1$
Polare p zum Pol $P(x_p|y_p)$	$p: \dfrac{x_p x}{a^2} + \dfrac{y_p y}{b^2} = 1$	$p: \dfrac{x_p x}{a^2} - \dfrac{y_p y}{b^2} = 1$
Tangentenbedingung	$g: y = mx + c$ ist dann und nur dann Tangente, wenn gilt: $a^2 m^2 + b^2 - c^2 = 0$	$a^2 m^2 - b^2 - c^2 = 0$
Asymptoten	–	$v_1: y = \dfrac{b}{a}x;\ v_2: y = -\dfrac{b}{a}x$
Lineare Exzentrizität	$e = \sqrt{a^2 - b^2}$	$e = \sqrt{a^2 + b^2}$
Radien der Scheitelkrümmungskreise	$r_A = \dfrac{b^2}{a};\ r_B = \dfrac{a^2}{b}$	$r_A = \dfrac{b^2}{a}$
Sonderfall $a = b$	Kreis	gleichseitige Hyperbel

───── Ellipse mit dem Mittelpunkt $M(x_0|y_0)$ ─────

Die Achsen sind zu den Koordinatenachsen parallel.

- Kurvengleichung

$$E: \frac{(x - x_0)^2}{a^2} + \frac{(y - y_0)^2}{b^2} = 1$$

- Tangente t mit dem Berührpunkt $P(x_1|y_1)$

$$t: \frac{(x_1 - x_0)(x - x_0)}{a^2} + \frac{(y_1 - y_0)(y - y_0)}{b^2} = 1$$

Parabel

- Vorgegeben sind ein fester Punkt F (*Brennpunkt*) und eine feste Gerade l (*Leitgerade*).
- Die Menge der Punkte P, deren Entfernung von F so groß wie ihr Abstand zu l ist, heißt Parabel k.

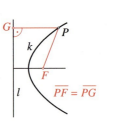
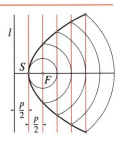

Parabeln mit dem Scheitel $S(0|0)$

- x-Achse als Symmetrieachse nach „rechts" geöffnet
  $F(0,5p|0)$, $p > 0$;
  $k: y^2 = 2px$

- y-Achse als Symmetrieachse nach „oben" geöffnet
  $F(0|0,5p)$, $p > 0$;
  $k: x^2 = 2py$

Parabel $k: y^2 = 2px$

- Scheitel $S(0|0$, Symmetrieachse ist die x-Achse, für $p > 0$ ist die Parabel nach rechts geöffnet.
- Tangente t mit dem Berührpunkt $P(x_1|y_1)$:
  $t: y_1 y = p(x + x_1)$
- Polare q zum Pol $Q(x_Q|y_Q)$:
  $q: y_Q y = p(x + x_Q)$
- Tangentenbedingung:
  $g: y = mx + c$ ist dann und nur dann Tangente, wenn $p = 2c \cdot m$ erfüllt ist.
- Radius des Scheitelkrümmungskreises: $r = p$

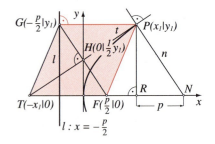

Parabel mit dem Scheitel $S(x_0|y_0)$

Die Parabelachse ist parallel zur x-Achse.
$+p > 0$, dann nach „rechts" geöffnet,
$-p < 0$, dann nach „links" geöffnet.

- Kurvengleichung
  $k: (y - y_0)^2 = \pm 2p(x - x_0)$
- Tangente t mit dem Berührpunkt $P(x_1|y_1)$
  $t: (y_1 - y_0)(y - y_0) = \pm p(x + x_1 - 2x_0)$

Die Parabelachse ist parallel zur y-Achse.
$+p > 0$, dann nach „oben" geöffnet,
$-p < 0$, dann nach „unten" geöffnet.

- Kurvengleichung
  $k: (x - x_0)^2 = \pm 2p(y - y_0)$
- Tangente t mit dem Berührpunkt $P(x_1|y_1)$
  $t: (x_1 - x_0)(x - x_0) = \pm p(y + y_1 - 2y_0)$

Lineare Algebra und Analytische Geometrie

■ Lineare Algebra im *n*-dimensionalen Raum

─────────────────── Vektorräume ───────────────────

Definition eines reellen Vektorraumes

■ Zugrunde liegen eine kommutative Gruppe $(V, \oplus)$ mit den Elementen $\vec{a}, \vec{b}, \ldots$, der Körper $(\mathbb{R}, +, \cdot)$ der reellen Zahlen $r, s, \ldots$, sowie eine *Skalarmultiplikation* (*S*-Multiplikation) $* : \mathbb{R} \times V \to V$, die jedem geordneten Paar $(r, \vec{a})$ mit $r \in \mathbb{R}$ und $\vec{a} \in V$ eindeutig ein Element $r * \vec{a} \in V$ zuweist.

■ $(V, \oplus, *)$ heißt ein (reeller) Vektorraum, wenn für alle $\vec{a}, \vec{b} \in V$ und für alle $r, s \in \mathbb{R}$ gilt:

	Ausführliche Schreibweise	Verkürzte Schreibweise
Assoziativgesetz	$r * (s * \vec{a}) = (r \cdot s) * \vec{a}$	$r(s\vec{a}) = (rs)\vec{a}$
Distributivgesetze	$(r + s) * \vec{a} = r * \vec{a} \oplus s * \vec{a}$ $r * (\vec{a} \oplus \vec{b}) = r * \vec{a} \oplus r * \vec{b}$	$(r + s)\vec{a} = r\vec{a} + s\vec{a}$ $r(\vec{a} + \vec{b}) = r\vec{a} + r\vec{b}$
Eins-Gesetz	$1 * \vec{a} = \vec{a}$	$1\vec{a} = \vec{a}$

■ Die Menge V heißt Trägermenge des Vektorraumes, seine Element werden *Vektoren* genannt. Die Elemente von $\mathbb{R}$ heißen *Skalare*. Da Verwechslungen ausgeschlossen sind, wird auch knapp vom Vektorraum V gesprochen.

Eigenschaften

Das neutrale Element $\vec{0}$ aus $(V, \oplus)$ heißt der *Nullvektor*.
Für alle $r \in \mathbb{R}$ ist $r\vec{0} = \vec{0}$ und für alle $\vec{a} \in V$ ist $0\vec{a} = \vec{0}$. Ist $r\vec{a} = \vec{0}$, so ist $r = 0$ oder $\vec{a} = \vec{0}$.
Das in $(V, \oplus)$ zu $\vec{a}$ inverse Element wird mit $-\vec{a}$ bezeichnet und der *Gegenvektor* von $\vec{a}$ genannt: $-\vec{a} = (-1)\vec{a}$. Statt $\vec{a} + (-\vec{b})$ schreibt man $\vec{a} - \vec{b}$ und nennt $\vec{a} - \vec{b}$ den Differenzvektor von $\vec{a}$ und $\vec{b}$. Für alle $r \in \mathbb{R}$ gilt: $-(r\vec{a}) = r(-\vec{a}) = (-r)\vec{a}$.

Untervektorraum

Eine Teilmenge U von V ist Trägermenge eines *Untervektorraumes* $(U, \oplus, *)$ des Vektorraumes $(V, \oplus, *)$, wenn U bezüglich der Vektoraddition und bezüglich der *S*-Multiplikation abgeschlossen ist: Sind $\vec{a} \in U$ und $\vec{b} \in U$, so ist stets auch $\vec{a} + \vec{b} \in U$; ist $\vec{a} \in U$, so ist für jedes $r \in \mathbb{R}$ stets auch $r\vec{a} \in U$.

──── Linearkombinationen, lineare Unabhängigkeit, lineare Abhängigkeit, Basis, Dimension ────

■ Sind $\vec{a_1}, \vec{a_2}, \ldots, \vec{a_k}$ endlich viele Vektoren eines Vektorraumes, dann heißt jeder Vektor $\vec{x} = r_1\vec{a_1} + r_2\vec{a_2} + \ldots + r_k\vec{a_k}$ mit $r_1, r_2, \ldots, r_k \in \mathbb{R}$ eine **Linearkombination** der Vektoren $\vec{a_1}, \vec{a_2}, \ldots, \vec{a_k}$ mit den Koeffizienten $r_1, r_2, \ldots, r_k$.

■ Die Menge aller Linearkombinationen der Vektoren $\vec{a_1}, \ldots \vec{a_k}$ bildet einen Untervektorraum von V. Dieser heißt die von den Vektoren $\vec{a_1}, \ldots, \vec{a_k}$ aufgespannte **lineare Hülle** $[\vec{a_1}, \ldots, \vec{a_k}]$.

■ Endlich viele Vektoren $\vec{a_1}, \vec{a_2}, \ldots, \vec{a_k}$ heißen dann und nur dann **linear unabhängig**, wenn aus diesen der Nullvektor $\vec{0}$ nur in trivialer Weise kombiniert werden kann: wenn aus $r_1\vec{a_1} + r_2\vec{a_2} + \ldots + r_k\vec{a_k} = \vec{0}$ stets $r_1 = r_2 = \ldots = r_k = 0$ folgt.

- Die Vektoren $\vec{a_1}, \vec{a_2}, \ldots, \vec{a_k}$ heißen dann und nur dann **linear abhängig**, wenn es mindestens eine (nichttriviale) Darstellung des Nullvektors $\vec{0}$ als Linearkombination $r_1\vec{a_1} + r_2\vec{a_2} + \ldots + r_k\vec{a_k} = \vec{0}$ gibt, wobei mindestens einer der Koeffizienten $r_i \neq 0$ ist ($i \in \{1, \ldots, k\}$).

- Ist $\vec{b} \neq \vec{0}$, so sind die zwei Vektoren $\vec{a}$ und $\vec{b}$ dann und nur dann *linear abhängig*, wenn es eine reelle Zahl r gibt mit $\vec{a} = r\vec{b}$.

- Im Falle $k \geq 2$ sind die Vektoren $\vec{a_1}, \ldots, \vec{a_k}$ dann und nur dann linear abhängig, wenn mindestens einer von ihnen eine Linearkombination der übrigen ist. Zwei von $\vec{0}$ verschiedene linear abhängige Vektoren nennt man auch *kollinear*, drei von $\vec{0}$ verschiedene linear abhängige Vektoren heißen auch *komplanar*.

- Eine Teilmenge E der Trägermenge eines Vektorraumes $(V, \oplus, *)$ heißt dann und nur dann ein *Erzeugendensystem* des Vektorraumes, wenn jeder Vektor von V als Linearkombination der Vektoren von E darstellbar ist. Sind die Vektoren von E linear unabhängig, dann heißt eine solche Menge E eine *Basis* des Vektorraumes $(V, \oplus, *)$. Besitzt ein Vektorraum eine Basis mit genau n Elementen, dann hat jede Basis dieses Vektorraumes genau n Elemente. Man sagt dann, der Vektorraum habe die *Dimension n*.

- Ist $\{\vec{e_1}, \ldots, \vec{e_n}\}$ eine Basis des Vektorraumes $(V, \oplus, *)$ der Dimension n, dann kann jeder Vektor $\vec{x} \in V$ auf genau eine Weise als Linearkombination $\vec{x} = r_1\vec{e_1} + \ldots + r_n\vec{e_n}$ dargestellt werden. $(r_1, \ldots, r_n)$ heißt das *Koordinaten-n-Tupel* bezüglich der Basis $\{\vec{e_1}, \ldots, \vec{e_n}\}$.

Skalarprodukt, Euklidische Vektorräume

- Es sei $(V, \oplus, *)$ ein Vektorraum. Eine Abbildung $V \times V \to \mathbb{R}$, die jedem geordneten Paar $(\vec{x}, \vec{y})$ von Vektoren eindeutig eine reelle Zahl $\vec{x} \cdot \vec{y}$ zuweist, heißt *Skalarprodukt* (*inneres Produkt*), wenn gilt: Für alle $\vec{x}, \vec{y}, \vec{z} \in V$ und alle $r \in \mathbb{R}$ sind die folgenden Forderungen erfüllt:

  Symmetrisch: $\qquad \qquad \vec{x} \cdot \vec{y} = \vec{y} \cdot \vec{x}$

  Bilinear: $\qquad \qquad (\vec{x} + \vec{y}) \cdot \vec{z} = \vec{x} \cdot \vec{z} + \vec{y} \cdot \vec{z} \qquad$ (*addidiv*)

  $\qquad \qquad \qquad \quad (r\vec{x}) \cdot \vec{y} = r(\vec{x} \cdot \vec{y}) \qquad \qquad$ (*homogen*)

  Positiv definit: Für alle $\vec{x} \in V$ ist $\vec{x} \cdot \vec{x} \geq 0$ und aus $\vec{x} \cdot \vec{x} = 0$ folgt $\vec{x} = \vec{0}$.

- Ein Vektorraum, auf dem ein Skalarprodukt erklärt ist, heißt *euklidischer Vektorraum*.

Fundamentalgrößen im Falle $n = 3$

- Es sei $\{\vec{b_1}, \vec{b_2}, \vec{b_3}\}$ eine Basis eines dreidimensionalen euklidischen Vektorraumes V.
  Die Skalarprodukte
  $$\vec{b_1} \cdot \vec{b_1} = g_{11}, \; \vec{b_1} \cdot \vec{b_2} = g_{12} = \vec{b_2} \cdot \vec{b_1} = g_{21}, \; \vec{b_1} \cdot \vec{b_3} = g_{13} = \vec{b_3} \cdot \vec{b_1} = g_{31},$$
  $$\vec{b_2} \cdot \vec{b_2} = g_{22}, \; \vec{b_2} \cdot \vec{b_3} = g_{23} = \vec{b_3} \cdot \vec{b_2} = g_{32}, \; \vec{b_3} \cdot \vec{b_3} = g_{33}$$
  der Basisvektoren heißen (die der Basis $\{\vec{b_1}, \vec{b_2}, \vec{b_3}\}$ zugeordneten) *Fundamentalgrößen*.

- Zu $\vec{x} = x_1\vec{b_1} + x_2\vec{b_2} + x_3\vec{b_3}$ und $\vec{y} = y_1\vec{b_1} + y_2\vec{b_2} + y_3\vec{b_3}$ ergibt sich das Skalarprodukt
  $$\vec{x} \cdot \vec{y} = g_{11}x_1y_1 + g_{12}(x_1y_2 + x_2y_1) + g_{13}(x_1y_3 + x_3y_1) + g_{22}x_2y_2 + g_{23}(x_2y_3 + x_3y_2) + g_{33}x_3y_3.$$

Betrag (Norm) eines Vektors
Der Vektor $\vec{x}$ hat den *Betrag* (die *Norm*, die *Länge*) $|\vec{x}| := \sqrt{\vec{x} \cdot \vec{x}}$.

Eigenschaften der Norm

Für alle $\vec{x} \in V$ ist $|\vec{x}| \geq 0$; ist $|\vec{x}| = 0$, so ist $\vec{x} = \vec{0}$. Es ist $|r\vec{x}| = |r| \, |\vec{x}|$.

Für alle $\vec{x}, \vec{y} \in V$ gilt: $\quad |\vec{x} + \vec{y}| \leq |\vec{x}| + |\vec{y}| \qquad$ (*Dreiecksungleichung*)

Für alle $\vec{x}, \vec{y} \in V$ gilt: $-|\vec{x}| \, |\vec{y}| \leq \vec{x} \cdot \vec{y} \leq |\vec{x}| \, |\vec{y}| \qquad$ (*Schwarzsche Ungleichung*)

Winkelmaß

Das Maß φ des nicht-orientierten Winkels $\sphericalangle(\vec{x}, \vec{y})$ zwischen zwei Vektoren $\vec{x} \neq \vec{0}$ und $\vec{y} \neq \vec{0}$ eines euklidischen Vektorraumes berechnet man aus $\cos\varphi = \dfrac{\vec{x} \cdot \vec{y}}{|\vec{x}| \, |\vec{y}|}$ mit $0 \leq \varphi \leq \pi$.

Orthogonalität

Zwei Vektoren $\vec{x}$ und $\vec{y}$ heißen dann und nur dann *orthogonal* (normal, senkrecht), wenn gilt: $\vec{x} \cdot \vec{y} = 0$.

Der Nullvektor $\vec{0}$ ist zu jedem Vektor $\vec{x} \in V$ orthogonal.

Ist $\vec{x} \neq \vec{0}$ und $\vec{y} \neq \vec{0}$ und $\vec{x} \cdot \vec{y} = 0$, so schließen $\vec{x}$ und $\vec{y}$ einen Winkel der Größe $\dfrac{\pi}{2}$ ein.

Orthonormalbasis, Standardskalarprodukt

Eine Basis $\{\vec{e_1}, \ldots, \vec{e_n}\}$ heißt *Orthonormalbasis*, wenn jeder Basisvektor den Betrag 1 hat und je zwei verschiedene Basisvektoren stets orthogonal sind ($\vec{e_i} \cdot \vec{e_i} = 1$ für alle i und $\vec{e_i} \cdot \vec{e_k} = 0$ für $i \neq k$).

■ Jeder Orthonormalbasis eines dreidimensionalen Vektorraumes sind die Fundamentalgrößen $g_{11} = g_{22} = g_{33} = 1$ und $g_{12} = g_{13} = g_{23} = 0$ zugeordnet.

■ Zu $\vec{x} = x_1\vec{e_1} + x_2\vec{e_2} + x_3\vec{e_3}$ und $\vec{y} = y_1\vec{e_1} + y_2\vec{e_2} + y_3\vec{e_3}$ ergibt sich das
  Standardskalarprodukt $\vec{x} \cdot \vec{y} = x_1 y_1 + x_2 y_2 + x_3 y_3$.
  Der Vektor $\vec{x} = x_1\vec{e_1} + x_2\vec{e_2} + x_3\vec{e_3}$ hat den *Betrag* (die *Norm*) $|\vec{x}| = \sqrt{x_1^2 + x_2^2 + x_3^2}$.

■ Ermittlung einer Orthogonalbasis im Falle $n = 2$:
  Es sei $\{\vec{b_1}, \vec{b_2}\}$ eine Basis. Eine Orthogonalbasis $\{\vec{e_1}, \vec{e_2}\}$ kann wie folgt gewonnen werden:
  $\vec{e_1} = q\vec{b_1} \qquad q$ ergibt sich aus der Gleichung $\vec{e_1} \cdot \vec{e_1} = 1$.
  $\vec{e_2} = r\vec{b_1} + s\vec{b_2} \qquad r$ und s ergeben sich aus den Gleichungen $\vec{e_2} \cdot \vec{e_2} = 1$ und $\vec{e_1} \cdot \vec{e_2} = 0$.

Affine Punkträume

Vorgegeben sind eine nicht-leere Menge A, deren Elemente $P, Q, R, \ldots$ Punkte heißen, sowie ein (reeller) n-dimensionaler Vektorraum V. A heißt *n-dimensionaler* (reeller) *affiner Raum* (Punktraum), wenn eine Abbildung $A \times A \to V$ vorliegt, die jedem geordneten Paar (P, Q) von Punkten aus A eindeutig einen Vektor $\overrightarrow{PQ}$ aus V so zuordnet, dass folgende Forderungen erfüllt sind:

1. Zu jedem beliebigen Punkt $P \in A$ und jedem Vektor $\vec{a} \in V$ gibt es genau einen Punkt Q aus A mit $\vec{a} = \overrightarrow{PQ}$.
2. Für alle Punkte P, Q, R aus A gilt $\overrightarrow{PQ} + \overrightarrow{QR} = \overrightarrow{PR}$.

Ortsvektor

Ist O ein festgehaltener Punkt von A, so heißt das geordnete Paar $(O; \vec{x})$ mit $\vec{x} = \overrightarrow{OX}$ der Ortsvektor des Punktes X (bezüglich O). O heißt „Ursprung". Oft schreibt man statt $(O; \vec{x})$ nur $\vec{x}$.

Euklidischer Punktraum

Ist der Vektorraum euklidisch, dann heißt der Punktraum *euklidischer Punktraum*.

Die Entfernung zweier Punkte P und Q mit den Ortsvektoren $\vec{x_P}$ und $\vec{x_Q}$ wird wie folgt berechnet:

$$\mathrm{d}(P, Q) = |\overrightarrow{OQ} - \overrightarrow{OP}| = \sqrt{(\vec{x_Q} - \vec{x_P}) \cdot (\vec{x_Q} - \vec{x_P})}$$

Vektorgeometrie im Anschauungsraum

Vektoren im Raum (bezogen auf ein kartesisches Koordinatensystem)

Kartesisches Koordinatensystem

- Die Basisvektoren $\vec{e_1}$, $\vec{e_2}$, $\vec{e_3}$ haben jeweils die Länge 1 und sind paarweise orthogonal (Orthonormalbasis). Skalarprodukt ist das Standardskalarprodukt.

- *Schreibweise für Vektoren*

$$\vec{x} = x_1\vec{e_1} + x_2\vec{e_2} + x_3\vec{e_3} = \begin{pmatrix} x_1 \\ x_2 \\ x_3 \end{pmatrix}; \quad \vec{y} = y_1\vec{e_1} + y_2\vec{e_2} + y_3\vec{e_3} = \begin{pmatrix} y_1 \\ y_2 \\ y_3 \end{pmatrix}$$

- *Skalarprodukt:* $\vec{x} \cdot \vec{y} = x_1 y_1 + x_2 y_2 + x_3 y_3$

- *Betrag* (Länge) eines Vektors $\vec{x}$: $|\vec{x}| = \sqrt{x_1^2 + x_2^2 + x_3^2}$

- Vektoren der Länge 1 heißen *Einheitsvektoren*.
  Normierung eines Vektors: Zu jedem vom Nullvektor verschiedenen Vektor $\vec{x}$ gibt es zwei verschieden orientierte Einheitsvektoren: $\vec{x_0} = \dfrac{1}{|\vec{x}|}\vec{x}$ bzw. $\vec{x_{00}} = \dfrac{-1}{|\vec{x}|}\vec{x}$.

- *Größe des Winkels* zwischen $\vec{x}$ und $\vec{y}$ aus $\cos\varphi = \dfrac{x_1 y_1 + x_2 y_2 + x_3 y_3}{\sqrt{x_1^2 + x_2^2 + x_3^2}\,\sqrt{y_1^2 + y_2^2 + y_3^2}}$ mit $0° \leq \varphi \leq 180°$.
  $\vec{x}$ und $\vec{y}$ sind dann und nur dann **orthogonal**, wenn $\vec{x} \cdot \vec{y} = x_1 y_1 + x_2 y_2 + x_3 y_3 = 0$ erfüllt ist.

- Jedem Punkt A wird ein *Ortsvektor* $\vec{x_A}$ zugewiesen.
  Wir schreiben auch $A(\vec{x_A})$.
  Vektor $\overrightarrow{AB}$, welcher durch den Pfeil von A nach B festgelegt ist: $\overrightarrow{AB} = \vec{x_B} - \vec{x_A}$.

- *Länge* der Strecke $[AB]$: $d = \overline{AB} = |\overrightarrow{AB}| = \sqrt{(\vec{x_B} - \vec{x_A}) \cdot (\vec{x_B} - \vec{x_A})}$.

- *Teilverhältnis:* Der Punkt $T(\vec{x_T})$ hat bezüglich der Strecke $[AB]$ das Teilverhältnis τ, wenn $\overrightarrow{AT} = \tau\,\overrightarrow{TB}$, also $\vec{x_T} - \vec{x_A} = \tau(\vec{x_B} - \vec{x_T})$ erfüllt ist; es ist $\vec{x_T} = \dfrac{\vec{x_A} + \tau\vec{x_B}}{1 + \tau}$ für $\tau \neq -1$.

- *Flächeninhalt* des Parallelogramms $ABCD$ mit $\overrightarrow{AB} = \vec{x_B} - \vec{x_A} = \vec{a}$, $\overrightarrow{AD} = \vec{x_D} - \vec{x_A} = \vec{b}$:
  $A = |\vec{a} \times \vec{b}| = \sqrt{(\vec{a} \cdot \vec{a})(\vec{b} \cdot \vec{b}) - (\vec{a} \cdot \vec{b})(\vec{a} \cdot \vec{b})}$.

Vektorprodukt (bezogen auf ein räumliches kartesisches Rechtssystem)

Kartesisches Rechtskoordinatensystem

Die Basis $\{\vec{e_1}, \vec{e_2}, \vec{e_3}\}$ ist orthonormiert, $\vec{e_1}$, $\vec{e_2}$ und $\vec{e_3}$ bilden in dieser Reihenfolge ein Rechtssystem.

Vektorprodukt (äußeres Produkt, Kreuzprodukt)

Der Vektor $\vec{a} \times \vec{b}$ (gelesen: „$\vec{a}$ Kreuz $\vec{b}$") ist zu $\vec{a}$ und zu $\vec{b}$ orthogonal, $\vec{a}$, $\vec{b}$ und $\vec{a} \times \vec{b}$ bilden in dieser Reihenfolge ein Rechtssystem, $|\vec{a} \times \vec{b}| = |\vec{a}| \cdot |\vec{b}| \cdot \sin\angle(\vec{a}, \vec{b})$ ist gleich dem Flächeninhalt eines von $\vec{a}$ und $\vec{b}$ aufgespannten *Parallelogramms*.

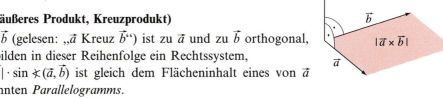

$$\vec{a} \times \vec{b} = \begin{pmatrix} a_1 \\ a_2 \\ a_3 \end{pmatrix} \times \begin{pmatrix} b_1 \\ b_2 \\ b_3 \end{pmatrix} = \begin{pmatrix} a_2 b_3 - a_3 b_2 \\ -a_1 b_3 + a_3 b_1 \\ a_1 b_2 - a_2 b_1 \end{pmatrix}$$

Rechenregeln

$\vec{b} \times \vec{a} = - \vec{a} \times \vec{b}$ *(Anti-Kommutativ-Gesetz)*

$\vec{a} \times (\vec{b} + \vec{c}) = \vec{a} \times \vec{b} + \vec{a} \times \vec{c}; \; (r\vec{a} \times \vec{b}) = (\vec{a} \times r\vec{b}) = r(\vec{a} \times \vec{b}))$ (bilinear)

$(\vec{a} \times \vec{b}) \times \vec{c} = (\vec{a} \cdot \vec{c})\vec{b} - (\vec{b} \cdot \vec{c})\vec{a}$ *(Entwicklungssatz*, Grassmann-Identität)

$(\vec{a} \times \vec{b}) \cdot (\vec{c} \times \vec{d}) = (\vec{a} \cdot \vec{c})(\vec{b} \cdot \vec{d}) - (\vec{b} \cdot c)(\vec{a} \cdot \vec{d})$ (Skalares Produkt zweier vektorieller Produkte)

Sonderfälle

- Ist $\vec{a} \times \vec{b} = \vec{0}$, dann sind $\vec{a}$ und $\vec{b}$ linear abhängig.
- Sind $\vec{a}$ und $\vec{b}$ linear abhängig, dann ist $\vec{a} \times \vec{b} = \vec{0}$.
- Ist $\vec{a} \times \vec{b} = |\vec{a}| \cdot |\vec{b}|$, dann sind $\vec{a}$ und $\vec{b}$ orthogonal.
- Sind $\vec{a}$ und $\vec{b}$ orthogonal, dann ist $\vec{a} \times \vec{b} = |\vec{a}| \cdot |\vec{b}|$.

Spatprodukt

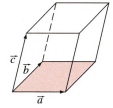

- $(\vec{a}, \vec{b}, \vec{c}) := (\vec{a} \times \vec{b}) \cdot \vec{c}$ ist eine reelle Zahl. Deren Betrag ist gleich dem Volumen eines von $\vec{a}$, $\vec{b}$ und $\vec{c}$ aufgespannten Parallelflachs (Spats).
  $(\vec{a}, \vec{b}, \vec{c}) = \det(\vec{a}, \vec{b}, \vec{c})$ heißt die von den Vektoren $\vec{a}$. $\vec{b}$, $\vec{c}$ gebildete *Determinante*.

  Ist $(\vec{a}, \vec{b}, \vec{c}) > 0$, dann bilden $\vec{a}$, $\vec{b}$ und $\vec{c}$ ein *Rechtssystem*;
  ist $(\vec{a}, \vec{b}, \vec{c}) < 0$, dann bilden $\vec{a}$, $\vec{b}$ und $\vec{c}$ ein *Linkssystem*.

  $(\vec{a} \times \vec{b}) \cdot \vec{c} = (\vec{b} \times \vec{c}) \cdot \vec{a} = (\vec{c} \times \vec{a}) \cdot \vec{b} = - (\vec{b} \times \vec{a}) \cdot \vec{c} = - (\vec{c} \times \vec{b}) \cdot \vec{a} = - (\vec{a} \times \vec{c}) \cdot \vec{b}$

  $$(\vec{a}, \vec{b}, \vec{c}) = \begin{vmatrix} a_1 & b_1 & c_1 \\ a_2 & b_2 & c_2 \\ a_3 & b_3 & c_3 \end{vmatrix} = c_1(a_2 b_3 - a_3 b_2) - c_2(a_1 b_3 - a_3 b_1) + c_3(a_1 b_2 - a_2 b_1)$$

- *Lineare Abhängigkeit von drei Vektoren*
  Ist $(\vec{a}, \vec{b}, \vec{c}) = 0$, dann sind die drei Vektoren $\vec{a}$, $\vec{b}$ und $\vec{c}$ linear abhängig.
  Sind die Vektoren $\tilde{a}$, $\vec{b}$ und $\vec{c}$ linear abhängig, dann ist $(\vec{a}, \vec{b}, \vec{c}) = 0$.

--- Geraden ---

Parameterdarstellung einer Geraden

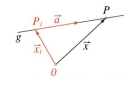

- $g: \vec{x} = \vec{x_1} + t\vec{a}$ mit $t \in \mathbb{R}$ **(Punkt-Richtungs-Form)**

  g geht durch den Punkt $P_1(\vec{x_1})$ und hat den *Richtungsvektor* $\vec{a} \neq \vec{0}$; $P_1(\vec{x_1})$ heißt *Aufpunkt*, t Parameter und die Gleichung eine Parameterdarstellung der Geraden g. Da jeder Punkt der Geraden g als Aufpunkt und alle Vielfachen $k\vec{a} \neq \vec{0}$ als Richtungsvektoren geeignet sind, gibt es unendlich viele Parameterdarstellungen der einen Geraden g.

- Sind von der Geraden g zwei Punkte $P_1(\vec{x_1})$ und $P_2(\vec{x_2})$ gegeben, so ergibt sich
  $g: \vec{x} = \vec{x_1} + t(\vec{x_2} - \vec{x_1})$ mit $t \in \mathbb{R}$ **(Zwei-Punkte-Form)**

- *Parameterfreie Darstellung* einer Geraden im Raum als Schnittmannigfaltigkeit zweier Ebenen:
  $g: a_1 x + b_1 y + c_1 z + d_1 = 0$ und $a_2 x + b_2 y + c_2 z + d_2 = 0$.

Zwei Geraden im Raum

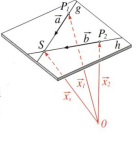

Bei der gegenseitigen Lage zweier Geraden $g: \vec{x} = \vec{x_1} + t\vec{a}$ mit $t \in \mathbb{R}$ und $h: \vec{x} = \vec{x_2} + r\vec{b}$ mit $r \in \mathbb{R}$ im Raum sind folgende Fälle zu unterscheiden:

1. Fall: *g* und *h* liegen in einer Ebene.
In diesem Fall sind $\vec{x_2} - \vec{x_1}$, $\vec{a}$ und $\vec{b}$ linear abhängig (komplanar),

1. Unterfall: *g* und *h* sind parallel.
Dann sind schon $\vec{a}$ und $\vec{b}$ linear abhängig (kollinear).
Sind überdies $\vec{x_2} - \vec{x_1}$ und $\vec{a}$ linear abhängig (kollinear), so handelt es sich bei *g* und *h* um die gleiche Gerade.

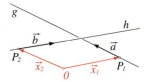

2. Unterfall: *g* und *h* haben genau einen Schnittpunkt.
Dann sind $\vec{a}$ und $\vec{b}$ linear unabhängig.
Dann haben *g* und *h* genau einen gemeinsamen Punkt $S(\vec{x_S})$ von *g* und *h*, daher gibt es zwei Zahlen t_0 und r_0 mit $\vec{x_1} + t_0\vec{a} = \vec{x_2} + r_0\vec{b}$ und es ist $\vec{x_S} = \vec{x_1} + t_0\vec{a} = \vec{x_2} + r_0\vec{b}$.

2. Fall: *g* und *h* sind windschief.
Dann gibt es keine Ebene, in der *g* und *h* liegen.
Dann sind $\vec{x_2} - \vec{x_1}$, $\vec{a}$ und $\vec{b}$ linear unabhängig.
Windschiefe Geraden haben keinen Schnittpunkt und sind auch nicht parallel.

Abstände

- *Abstand d des Punktes* $P(\vec{x_P})$ *von der Geraden* $g: \vec{x} = \vec{x_1} + t\vec{a}$ mit $t \in \mathbb{R}$.
  Der Parameterwerte t_F des Normalenfußpunktes *F* auf *g* ergibt sich aus
  $\vec{a} \cdot \vec{PF} = \vec{a} \cdot (\vec{x_1} + t_F\vec{a} - \vec{x_P}) = 0$. Es ist $d = \sqrt{\vec{PF} \cdot \vec{PF}}$.

- *Abstand d zweier windschiefer Geraden*
  $g: \vec{x} = \vec{x_1} + t\vec{a}$ mit $t \in \mathbb{R}$ und $h: \vec{x} = \vec{x_2} + r\vec{b}$ mit $r \in \mathbb{R}$.
  Die Parameterwerte t_G und r_H der *Fußpunkte G* und *H* der *gemeinsamen Normalen* (des *Gemeinlotes*) ergeben sich aus dem Gleichungssystem
  $\vec{a} \cdot (\vec{x_1} + t_G\vec{a} - \vec{x_2} - r_H\vec{b}) = 0$ und $\vec{b} \cdot (\vec{x_1} + t_G\vec{a} - \vec{x_2} - r_H\vec{b}) = 0$.

Ebenen

Parameterdarstellung einer Ebene

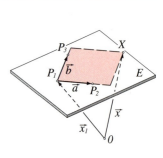

Eine Ebene *E* kann eindeutig vorgegeben werden

- durch einen ihrer Punkte $P(\vec{x_1})$ und zwei linear unabhängige Richtungsvektoren $\vec{a}$ und $\vec{b}$ (parallel zu *E*)
  $E: \vec{x} = \vec{x_1} + u\vec{a} + v\vec{b}$ mit $u, v \in \mathbb{R}$.
- durch einen ihrer Punkte $P(\vec{x_1})$ und eine Gerade $g: \vec{x} = \vec{x_2} + t\vec{a}$ mit $t \in \mathbb{R}$, welche in *E* liegt und *P* nicht als einen ihrer Punkte enthält
  $E: \vec{x} = \vec{x_1} + u(\vec{x_2} - \vec{x_1}) + v\vec{a}$ mit $u, v \in \mathbb{R}$.
- durch drei ihrer Punkte $P_1(\vec{x_1})$, $P_2(\vec{x_2})$, $P_3(\vec{x_3})$, welche nicht alle auf einer einzigen Geraden liegen (dann sind $\vec{x_2} - \vec{x_1}$ und $\vec{x_3} - \vec{x_1}$ linear unabhängig)
  $E: \vec{x} = \vec{x_1} + u(\vec{x_2} - \vec{x_1}) + v(\vec{x_3} - \vec{x_1})$ mit $u, v \in \mathbb{R}$.

Anmerkung: Sind $\vec{a}$ und $\vec{b}$ linear abhängig (beispielsweise $\vec{a} = r\vec{b}$), so wird durch $\vec{x} = \vec{x_1} + u\vec{a} + v\vec{b}$ eine Gerade (beispielsweise $g\colon \vec{x} = \vec{x_1} + (ru + v)\vec{b}$) gegeben.

Parameterfreie Darstellung von Ebenen, Hessesche Normalform (Normalenform)

- Die Ebene E enthält den Punkt $P_1(x_1|y_1|z_1)$ und $\vec{n} = \begin{pmatrix} n_x \\ n_y \\ n_z \end{pmatrix}$ ist ein *Normalenvektor* der Ebene
  $E\colon \vec{n} \cdot (\vec{x} - \vec{x_1}) = 0$

- In kartesischen Koordinaten $E\colon n_x x + n_y y + n_z z - n_x x_1 - n_y y_1 - n_z z_1 = 0$

- Ist der *Normalenvektor* $\vec{n_0}$ normiert ($\vec{n_0} = \frac{1}{|\vec{n}|}\vec{n}$, $|\vec{n_0}| = 1$) und so orientiert, dass $\vec{n_0}$ gegebenenfalls vom Koordinatenursprung $O(\vec{0})$ zur Ebene E zeigt, so ergibt sich die Ebenengleichung
  $E\colon \vec{n_0} \cdot (\vec{x} - \vec{x_1}) = 0$ in *Hessescher Normalform* (*Hessescher Normalform*).

- Ebenengleichung in Hessescher Normalform in kartesischen Koordinaten
  $E\colon Ax + By + Cz + D = 0$ mit $A^2 + B^2 + C^2 = 1$, $D \leq 0$.

- Umformung der Ebenengleichung von $E\colon ax + by + cz + d = 0$
  in Hessesche Normalform

  $E\colon \dfrac{ax + by + cz + d}{\pm \sqrt{a^2 + b^2 + c^2}} = 0$ mit $\begin{cases} +\sqrt{} & \text{im Falle } d \leq 0, \\ -\sqrt{} & \text{im Falle } d > 0. \end{cases}$

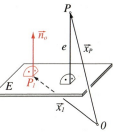

- Der Punkt $P(\vec{x_p})$ hat von der in Hessescher Normalform gegebene Ebene
  $E\colon \vec{n_0} \cdot (\vec{x} - \vec{x_1}) = 0$ den „orientierten" Abstand $e = \vec{n_0} \cdot (\vec{x_p} - \vec{x_1})$.

In kartesischen Koordinaten ergibt sich:

Der Punkt $P(x_P|y_P|z_P)$ hat von der in Hessescher Normalform gegebene Ebene
  $E\colon Ax + By + Cz + D = 0$ den „orientierten" Abstand $e = Ax_P + By_P + Cz_P + D$;
dabei ist $e < 0$, falls P und der Ursprung $O(0|0|0)$ bezüglich E im gleichen Halbraum liegen,
und $e > 0$, falls P und der Ursprung $O(0|0|0)$ bezüglich E in verschiedenen Halbräumen liegen.

Größen von Winkeln

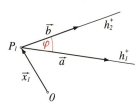

- Die *Halbgeraden* $h_1^+\colon \vec{x} = \vec{x_1} + t\vec{a}$ mit $t \geq 0$ und
  $h_2^+\colon \vec{x} = \vec{x_1} + s\vec{b}$ mit $s \geq 0$ schließen einen Winkel der Größe φ ein.
  Es ist $\cos\varphi = \dfrac{\vec{a} \cdot \vec{b}}{|\vec{a}||\vec{b}|}$ mit $0 \leq \varphi \leq \pi$.

- Die *Ebene* $E\colon \vec{n}(\vec{x} - \vec{x_1}) = 0$ und die *Gerade* $g\colon \vec{x} = \vec{x_2} + t\vec{a}$ mit $t \in \mathbb{R}$ schließen einen Winkel der
  Größe α ein. Es ist $\sin\alpha = \dfrac{|\vec{a}\vec{n}|}{|\vec{a}||\vec{n}|}$ mit $0 \leq \alpha \leq \dfrac{\pi}{2}$.

- Die *beiden Ebenen* $E\colon \vec{n}(\vec{x} - \vec{x_1}) = 0$ und $F\colon \vec{m}(\vec{x} - \vec{x_2}) = 0$ schließen einen Winkel der Größe β
  ein. Es ist $\cos\beta = \dfrac{|\vec{m}\vec{n}|}{|\vec{m}||\vec{n}|}$ mit $0 \leq \beta \leq \dfrac{\pi}{2}$.

Kugel (Koordinatendarstellung in kartesischen Koordinaten)

Kugel K mit dem Mittelpunkt $M(\vec{0}) = M(0|0|0)$ und dem Radius r   **In kartesischen Koordinaten:**

- *Kugelgleichung:* $K\colon \vec{x} \cdot \vec{x} = r^2$ $K\colon x^2 + y^2 + z^2 = r^2$
- *Tangentialebene T mit dem Berührpunkt $B(\vec{x_1})$:* $T\colon \vec{x_1} \cdot \vec{x} = r^2$ $T\colon x_1 x + y_1 y + z_1 z = r^2$

Kugel und Ebene

$E\colon Ax + By + Cz + D = 0$ sei in Hessescher Normalform gegeben.

Der Kugelmittelpunkt $M(0|0|0)$ hat von der Ebene E den Abstand $d = |D|$.

1. Fall: $d < r$. Die Kugel K und die Ebene E schneiden sich in einem Kreis vom Radius $\varrho = \sqrt{r^2 - d^2}$.
2. Fall: $d = r$. Die Ebene E ist *Tangentialebene* an K. Beide haben genau einen gemeinsamen Punkt.
3. Fall: $d > r$. Die Kugel und die Ebene haben keinen gemeinsamen Punkt.

Kugel K mit dem Mittelpunkt $M(\vec{x_0}) = M(x_0|y_0|z_0)$ und dem Radius r

- *Kugelgleichung*
  $K\colon (\vec{x} - \vec{x_0}) \cdot (\vec{x} - \vec{x_0}) = r^2$ $K\colon (x - x_0)^2 + (y - y_0)^2 + (z - z_0)^2 = r^2$
- *Tangentialebene T mit dem Berührpunkt $P(\vec{x_1}) = P(x_1|y_1|z_1)$*
  $T\colon (\vec{x_1} - \vec{x_0}) \cdot (\vec{x} - \vec{x_0}) = r^2$
  $T\colon (x_1 - x_0)(x - x_0) + (y_1 - y_0)(y - y_0) + (z_1 - z_0)(z - z_0) = r^2$

Da der *Radiusvektor* $\vec{x_0} - \vec{x_1}$ ein Normalenvektor der Tangentialebene ist, ergibt sich auch folgende Darstellung der Tangentialebene mit dem Berührpunkt $P(\vec{x_1})$:
$T\colon (\vec{x_0} - \vec{x_1}) \cdot (\vec{x} - \vec{x_1}) = 0$.

■ Lineare Abbildungen

Grundlagen

Definition

Eine Abbildung f eines Vektorraumes V in einen Vektorraum W heißt *lineare Abbildung*, wenn sie mit der Vektoraddition und der S-Multiplikation verträglich ist:

Für alle $\vec{x}$, $\vec{y}$ aus V ist $f(\vec{x} + \vec{y}) = f(\vec{x}) + f(\vec{y})$ (f ist *additiv*);
für alle $r \in \mathbb{R}$, $\vec{x} \in V$ ist $f(r\vec{x}) = r f(\vec{x})$ (f ist *homogen*).

Lineare Selbstabbildungen eines zweidimensionalen Vektorraumes

Ist $\{\vec{b_1}, \vec{b_2}\}$ eine Basis des zweidimensionalen Vektorraumes V und f eine lineare Abbildung von V in V (lineare Selbstabbildung von V), so hat

der *Urvektor* $\vec{x} = \begin{pmatrix} x \\ y \end{pmatrix} = x\vec{b_1} + y\vec{b_2} = x\begin{pmatrix} 1 \\ 0 \end{pmatrix} + y\begin{pmatrix} 0 \\ 1 \end{pmatrix}$

den *Bildvektor* $\vec{\bar{x}} = \begin{pmatrix} \bar{x} \\ \bar{y} \end{pmatrix} = x f(\vec{b_1}) + y f(\vec{b_2}) = x\begin{pmatrix} a_{11} \\ a_{21} \end{pmatrix} + y\begin{pmatrix} a_{12} \\ a_{22} \end{pmatrix} = \begin{pmatrix} a_{11}x + a_{12}y \\ a_{21}x + a_{22}y \end{pmatrix}$.

Abbildungsgleichungen von f

$V \to V$ mit $\vec{x} \mapsto \vec{\bar{x}}$: $\bar{x} = a_{11}x + a_{12}y$
$\bar{y} = a_{21}x + a_{22}y$

■ Matrizenschreibweise

$\vec{\bar{x}} = A\vec{x}$

mit der Abbildungsmatrix

$A = \begin{pmatrix} a_{11} & a_{12} \\ a_{21} & a_{22} \end{pmatrix}$

Reguläre Selbstabbildung

■ Die lineare Abbildung $f: V \to V$ ist dann und nur dann *umkehrbar* (*regulär*), wenn die *Abbildungsdeterminante* D nicht verschwindet.

$$D = \begin{vmatrix} a_{11} & a_{12} \\ a_{21} & a_{22} \end{vmatrix} = a_{11}a_{22} - a_{12}a_{21} \neq 0.$$

■ *Umkehrabbildung* einer regulären Selbstabbildung

Ist $D = a_{11}a_{22} - a_{12}a_{21} \neq 0$, so existiert die lineare Umkehrabbildung

$$f^{-1}: V \to V \text{ mit } \quad \vec{\bar{x}} = \begin{pmatrix} \bar{x} \\ \bar{y} \end{pmatrix} \mapsto \vec{x} = \begin{pmatrix} x \\ y \end{pmatrix}$$

mit
$$x = \frac{a_{22}}{D}\bar{x} - \frac{a_{12}}{D}\bar{y}$$

$$y = -\frac{a_{21}}{D}\bar{x} + \frac{a_{11}}{D}\bar{y}.$$

■ *Verketten* (*Hintereinanderausführen*)

Sind $f: V \to V$ und $g: V \to V$ lineare Abbildungen, dann ist auch $g \circ f$ (gelesen: „g nach f ausgeführt") eine lineare Selbstabbildung von V in sich.

$$f: V \to V \text{ mit } \vec{x} \mapsto \vec{\bar{x}}: \bar{x} = a_{11}x + a_{12}y$$
$$\bar{y} = a_{21}x + a_{22}y$$

$$g: V \to V \text{ mit } \vec{\bar{x}} \mapsto \vec{\bar{\bar{x}}}: \bar{\bar{x}} = b_{11}\bar{x} + b_{12}\bar{y}$$
$$\bar{\bar{y}} = b_{21}\bar{x} + b_{22}\bar{y}$$

$$g \circ f: V \to V \text{ mit } \vec{x} \mapsto \vec{\bar{\bar{x}}}:$$
$$\bar{\bar{x}} = (b_{11}a_{11} + b_{12}a_{21})x + (b_{11}a_{12} + b_{12}a_{22})y$$
$$\bar{\bar{y}} = (b_{21}a_{11} + b_{22}a_{21})x + (b_{21}a_{12} + b_{22}a_{22})y$$

■ *Abbildungsdeterminante*

$$D = |A| = a_{11}a_{22} - a_{12}a_{21}$$

■ *Inverse Matrizen*

$$\vec{x} = A^{-1}\vec{\bar{x}}$$

$$A^{-1} = \begin{pmatrix} \dfrac{a_{22}}{D} & -\dfrac{a_{12}}{D} \\ -\dfrac{a_{21}}{D} & \dfrac{a_{11}}{D} \end{pmatrix}$$

ist die zu A inverse Matrix.

Es ist $|A|\,|A^{-1}| = 1$.

■ *Matrizenmultiplikation*

$$B = \begin{pmatrix} b_{11} & b_{12} \\ b_{21} & b_{22} \end{pmatrix}; \quad A = \begin{pmatrix} a_{11} & a_{12} \\ a_{21} & a_{22} \end{pmatrix}$$

$$BA = \begin{pmatrix} b_{11}a_{11} + b_{12}a_{21} & b_{11}a_{12} + b_{12}a_{22} \\ b_{21}a_{11} + b_{22}a_{21} & b_{21}a_{12} + b_{22}a_{22} \end{pmatrix}$$

Ist $\vec{\bar{x}} = A\vec{x}$ und $\vec{\bar{\bar{x}}} = B\vec{\bar{x}}$, dann ist $\vec{\bar{\bar{x}}} = BA\vec{x}$.

■ Einheitsmatrix

$$E = \begin{pmatrix} 1 & 0 \\ 0 & 1 \end{pmatrix}$$

Es ist $AA^{-1} = A^{-1}A = E$.

■ Die regulären Selbstabbildungen eines Vektorraumes bilden mit dem Verketten als Verknüpfung eine nicht-kommutative Gruppe.

Eine Anwendung: Mehrstufige Prozesse

Zu Zeitpunkten t_1, t_2, t_3, ... werden Verteilungen (Zustände) durch Vektoren $\vec{x_1}$, $\vec{x_2}$, $\vec{x_3}$, ... beschrieben.

Beispiel:

$x_1 = a_{11}x_0 + a_{12}y_0$
$y_1 = a_{21}x_0 + a_{22}y_0$ Schreibweise: $\vec{x_1} = A\vec{x_0}$ mit der *Übergangsmatrix* $A = \begin{pmatrix} a_{11} & a_{12} \\ a_{21} & a_{22} \end{pmatrix}$

Es ist $\vec{x_1} = A\vec{x_0}$, $\quad \vec{x_2} = Ax_1 = AA\vec{x_0}$, $\quad \vec{x_3} = Ax_2 = AAA\vec{x_0}$, ...

Die Verteilung $\vec{p}$ heißt *stationär*, wenn $\vec{p} = A\vec{p}$ erfüllt ist.

■ Affine Abbildungen der Ebene auf sich

———— Definition und Eigenschaften der Affinitäten (regulären affinen Abbildungen) ————

Eine Abbildung α der Menge der Punkte der Ebene auf sich heißt eine Affinität (reguläre affine Abbildung), wenn sie folgende (nicht voneinander unabhängige) Eigenschaften besitzt:
Sie ist bijektiv, geradentreu, teilverhältnistreu und parallelentreu.

Existenz- und Eindeutigkeitssatz

Werden zu drei nicht auf einer Geraden liegenden Punkten A, B, C drei nicht auf einer Geraden liegende Bildpunkte A', B' und C' vorgegeben, dann gibt es stets genau eine Affinität, welche A auf A', B auf B' und C auf C' abbildet. (Alle Dreiecke sind affin verwandt.)

Koordinatendarstellung der Affinitäten

Ist $\alpha\colon P(x|y) \mapsto P'(x'|y')$ eine Affinität, so gibt es Zahlen a_1, a_2, b_1, b_2, c_1, c_2 derart, dass gilt:

$x' = a_1 x + b_1 y + c_1$
$y' = a_2 x + b_2 y + c_2$ mit $a_1 b_2 - a_2 b_1 \neq 0$.

Matrizenschreibweise

Umgekehrt wird durch solche Abbildungsgleichungen im Falle
$$\vec{x'} = A\vec{x} + \vec{c}$$

$$D = \begin{vmatrix} a_1 & b_1 \\ a_2 & b_2 \end{vmatrix} = a_1 b_2 - a_2 b_1 \neq 0 \quad (\textit{Abbildungsdeterminante } D)$$

$$\vec{x'} = \begin{pmatrix} a_1 & b_1 \\ a_2 & b_2 \end{pmatrix} \vec{x} + \begin{pmatrix} c_1 \\ c_2 \end{pmatrix}$$

stets eine Affinität (reguläre affine Abbildung) beschrieben.

$$D = |A| = a_1 b_2 - a_2 b_1 \neq 0$$

Flächeninhalte

Hat eine Figur den Flächeninhalt A, so hat die Bildfigur den Flächeninhalt

$$A' = |D| \cdot A = |a_1 b_2 - a_2 b_1| \cdot A.$$

α ist eine *flächentreue* Affinität, wenn $|D| = 1$ erfüllt ist
($D = +1$, dann gleichsinnig flächentreu, $D = -1$, dann gegensinnig flächentreu).

Verketten (Hintereinanderausführen)

Die Affinitäten bilden mit dem Verketten als Verknüpfung eine *nicht-kommutative Gruppe*.
α heißt *involutorisch*, wenn $\alpha \circ \alpha$ die mit „id" bezeichnete *identische Abbildung* der Ebene auf sich ist.

Induzierte Vektorabbildung

Jede affine Abbildung $\alpha\colon P(x|y) \mapsto P'(x'|y')$ mit $x' = a_1 x + b_1 y + c_1$
$\qquad\qquad\qquad\qquad\qquad\qquad\qquad\qquad\qquad\qquad\quad y' = a_2 x + b_2 y + c_2$

induziert eine lineare Vektorabbildung $\bar{\alpha}\colon \begin{pmatrix} u \\ v \end{pmatrix} \mapsto \begin{pmatrix} \bar{u} \\ \bar{v} \end{pmatrix}$ mit $\bar{u} = a_1 u + b_1 v$
$\qquad\qquad\qquad\qquad\qquad\qquad\qquad\qquad\qquad\qquad\qquad\qquad\qquad\bar{v} = a_2 u + b_2 v$

Abbildung der Geraden

$g\colon \vec{x} = \vec{x_P} + t\vec{g}$ mit $t \in \mathbb{R}$ hat die Bildgerade $g^*\colon \vec{x} = \overrightarrow{x_{a(P)}} + t\bar{\alpha}(\vec{g})$ mit $t \in \mathbb{R}$.

———— Fixpunkte, Fixpunktgeraden (Achsen), Fixgeraden ————

Fixpunkt, Fixpunktgerade (Achse), Fixgerade

■ Ein Punkt $F(x|y)$, der mit seinem Bildpunkt $F'(x'|y')$ zusammenfällt ($F' = F$, also $x' = x$ und $y' = y$) heißt *Fixpunkt*.

- Eine Gerade heißt *Fixpunktgerade* (*Achse*), wenn alle ihre Punkte Fixpunkte sind.
- Eine Gerade f heißt *Fixgerade*, wenn jeder Punkt von f auf einen Punkt von f abgebildet wird.
- Der Schnittpunkt zweier Fixgeraden ist ein Fixpunkt.
- Die Verbindungsgerade zweier Fixpunkte ist sogar eine Fixpunktgerade.

Eigenvektoren, Fixrichtungen, Fixgeraden

- Ein Vektor $\vec{x} \neq \vec{0}$ heißt *Eigenvektor* der linearen Abbildung $\bar{\alpha}: V \to V$, wenn es eine Zahl λ gibt mit $\bar{\alpha}(\vec{x}) = \lambda \vec{x}$. $\bar{\alpha}$ ist die von der affinen Abbildung α induzierte lineare Abbildung. λ heißt dann *Eigenwert* zum Eigenvektor $\vec{x}$.

- Ist $\vec{g}$ ein Eigenvektor, so wird jede Gerade mit dem Richtungsvektor $\vec{g}$ auf eine zu $\vec{g}$ parallele Gerade abgebildet; $\vec{g}$ bestimmt eine *Fixrichtung*. Eine Gerade kann höchstens dann Fixgerade sein, wenn ihre Richtungsvektoren Eigenvektoren sind. Eine Fixgerade muss keinen Fixpunkt besitzen.

- Ist der Punkt $F(\vec{x_F})$ ein Fixpunkt und $\vec{g}$ ein Eigenvektor, so ist $f: \vec{x} = \vec{x_F} + t\vec{g}$ eine Fixgerade.

- Ist $F(\vec{x_F})$ Fixpunkt und $\vec{g}$ ein Eigenvektor zum Eigenwert 1, so ist $f: \vec{x} = \vec{x_F} + t\vec{g}$ sogar eine Fixpunktgerade.

Ansatz zur Ermittlung der Eigenvektoren und der Eigenwerte der induzierten Vektorabbildung

Das homogene Gleichungssystem
$$\left.\begin{aligned}(a_1 - \lambda)u + \qquad b_1 v &= 0 \\ a_2 u + (b_2 - \lambda)v &= 0\end{aligned}\right\} \quad (*)$$
hat genau dann nicht-triviale Lösungselemente, wenn das *charakteristische Polynom*

$$\begin{vmatrix} a_1 - \lambda & b_1 \\ a_2 & b_2 - \lambda \end{vmatrix} = \lambda^2 - (a_1 + b_2)\lambda + a_1 b_2 - a_2 b_1$$

verschwindet. Die quadratische Gleichung

$$\lambda^2 - (a_1 + b_2)\lambda + a_1 b_2 - a_2 b_1 = 0$$

heißt *charakteristische Gleichung* (*Eigenwertgleichung*) von $\bar{\alpha}$. Die Lösungselemente der Eigenwertgleichung sind die Eigenwerte λ_j. Wird ein Eigenwert λ_i in das Gleichungssystem (*) eingesetzt, dann sind die nicht-trivialen Lösungselemente des entstehenden Gleichungssystems die zum Eigenwert λ_i gehörenden Eigenvektoren.

Klassifikation der Affinitäten nach ihren Fixpunkten und Eigenvektoren

---

Liegt nicht die identische Abbildung mit $\begin{aligned} x' &= x \\ y' &= y \end{aligned}$ vor, die jeden Punkt auf sich selbst abbildet, so sind nur die folgenden Fälle möglich:

I. Nichtidentische Achsenaffinitäten (perspektive Affinitäten)

Alle Punkte einer Fixpunktgeraden (Achse) sind Fixpunkte und weitere Fixpunkte existieren nicht. Neben der Fixpunktgeraden gibt es stets noch eine Schar paralleler Fixgeraden. Die induzierte Vektorabbildung hat die Eigenwerte $\lambda_1 = 1$ und λ_2 und die Determinante $D = \lambda_2$.
Ist $a: Ax + By + C = 0$ die Achse, so gibt es passende Zahlen u und v so, dass

$$x' = x + u(Ax + By + C)$$
$$y' = y + v(Ax + By + C)$$

die Abbildungsgleichungen sind. Die Fixgeradenschar hat die Steigung $m = \dfrac{v}{u}$, Determinante ist $D = Au + Bv + 1$.

1. Unterfall: Schiefe Achsenaffinität ($\lambda_2 \neq 1$)

Die von der Achse verschiedenen Fixgeraden (Affinitätsstrahlen) schneiden diese. Liegt P nicht auf der Achse, so ist $\overrightarrow{PP'}$ ein Eigenvektor zu λ_2; PP' schneidet die Achse in einem Fixpunkt F und es gilt $\overrightarrow{FP'} = \lambda_2 \overrightarrow{FP}$. Der Eigenwert λ_2 heißt Affinitätsverhältnis.

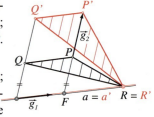

- Normalform: $x' = x$ (Ein Fixpunkt ist Koordinatenursprung; $y' = \lambda_2 y$ ein Eigenvektor $\vec{g_1}$ zu $\lambda_1 = 1$ und ein Eigenvektor $\vec{g_2}$ zu λ_2 sind linear unabhängige Basisvektoren.)

Sonderfälle

- *Orthogonale Achsenaffinität:* Die Fixgeradenschar ist senkrecht zur Achse; $\vec{g_1}$ und $\vec{g_2}$ sind orthogonal.

- *Schrägspiegelung:* $\lambda_2 = -1$; F ist stets Mittelpunkt von $[PP']$, diese Abbildung ist volutorisch und gegensinnig flächentreu ($D = -1$).

2. Unterfall: Scherung (axiale Scherung) ($\lambda_1 = \lambda_2 = 1$)

- Alle Fixgeraden sind zur Achse parallel. Es gibt nur einen eindimensionalen Eigenvektorraum. Scherungen sind gleichsinnig flächentreu ($D = +1$).

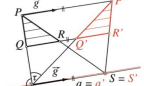

- Die Senkrechten zur Achse haben parallele Bildgeraden; der Winkel zwischen den Senkrechten zur Achse und ihren Bildgeraden heißt Scherwinkel. Er hat die Größe τ.

- Normalform: $x' = x + by$ (Der Koordinatensprung ist ein Fixpunkt; ein Basisvektor ist Eigenvektor, der zweite Basisvektor kann so gewählt werden, dass $b = 1$ $y' = y$ erreicht wird.)

II. Es gibt genau einen Fixpunkt F.

Die induzierte Vektorabbildung hat dann niemals 1 als Eigenwert.

1. Unterfall: Eulersche Affinität

- Es gibt zwei Eigenwerte $\lambda_1 \neq \lambda_2$; $D = \lambda_1 \cdot \lambda_2$. Dazu gibt es linear unabhängige Eigenvektoren $\vec{g_1}$ und $\vec{g_2}$; es gibt zwei Fixrichtungen; es gibt nur zwei Fixgeraden $f_1 : x = \vec{x_F} + t\vec{g_1}$ mit $t \in \mathbb{R}$ und $f_2 : \vec{x} = \vec{x_F} + u\vec{g_2}$ mit $u \in \mathbb{R}$.

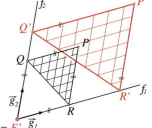

- Normalform: $x' = \lambda_1 x$ (Der Fixpunkt ist Koordinatenursprung, $y' = \lambda_2 y$ Eigenvektoren $\vec{g_1}$ zu λ_1 und $\vec{g_2}$ zu λ_2 sind Basisvektoren.)

- Jede Eulersche Affinität kann durch Verketten von zwei Achsenaffinitäten realisiert werden.

2. Unterfall: Zentrische Streckung

- Es gibt genau einen Eigenwert λ und jeder Vektor ist Eigenvektor; jede Richtung ist Fixrichtung. Die Geraden durch den Fixpunkt F sind Fixgeraden. Weitere Fixgeraden gibt es nicht. λ heißt Streckungsfaktor; $D = \lambda^2$.

Sonderfall: *Punktspiegelung* am Fixpunkt F falls $\lambda = -1$.

3. Unterfall: Scherstreckung

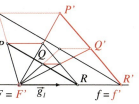

- Es gibt genau einen Eigenwert $\lambda \neq 1$ ($\lambda = 1$, dann Scherung mit einer Achse) und einen eindimensionalen Eigenvektorraum.
- Es gibt eine einzige Fixgerade f: $\vec{x} = \vec{x_F} + t\vec{g}$ mit $t \in \mathbb{R}$, wobei $\vec{g}$ ein Eigenvektor ist.
- Die Abbildung kann durch Verketten einer Scherung und einer zentrischen Streckung mit dem Zentrum auf der Scherachse realisiert werden.

4. Unterfall: Affine Drehstreckung

- Es gibt keinen (reellen) Eigenwert, keinen Eigenvektor, keine Fixgerade.
- Im kartesischen Koordinatensystem kann diese Abbildung durch Verketten einer Drehung um F mit einer zentrischen Streckung mit dem Zentrum F realisiert werden.

III. Es gibt keinen Fixpunkt.

Die indizierte Vektorabbildung hat mindestens den Eigenwert $\lambda_1 = 1$.

1. Unterfall: „Schubschrägaffinität" ($\lambda_1 = 1$, $\lambda_2 \neq 1$)

- Es gibt zwei eindimensionale Eigenvektorräume und daher zwei Fixrichtungen.
- Die einzige Fixgerade hat die Eigenvektoren zu $\lambda_1 = 1$ als Richtungsvektoren.
- Eine solche Abbildung kann durch Verketten einer schiefen Achsenaffinität mit einer Parallelverschiebung in Achsenrichtung realisiert werden. Die Affinitätsachse wird dabei zur einzigen Fixgeraden.

2. Unterfall: Parallelverschiebung (Translation)

- $\lambda_1 = \lambda_2 = 1$ und jeder Vektor ist Eigenvektor, jede Richtung ist Fixrichtung.
- Nur die Geraden in Translationsrichtung sind Fixgeraden.
- Abbildungsgleichungen: $x' = x + c_1$
$$y' = y + c_2$$
(Das Koordinatensystem kann so gewählt werden, dass $c_1 = 1$, $c_2 = 0$ erreicht wird.)

3. Unterfall: „Schubscherung"

- $\lambda_1 = \lambda_2 = 1$ und es gibt nur einen eindimensionalen Eigenvektorraum. Es gibt keine Fixgerade.
- Eine solche Abbildung kann durch Verketten einer Scherung mit einer Parallelverschiebung realisiert werden. Dabei sind die Richtungen der Scherachse und der Parallelverschiebung verschieden.

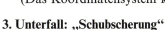

Singuläre affine Abbildungen

α: $P(x|y) \mapsto P'(x'|y')$ mit $x' = a_1 x + b_1 y + c_1$
$$y' = a_2 x + b_2 y + c_2$$
heißt dann und nur dann *singulär*, wenn

$$D = \begin{vmatrix} a_1 & b_1 \\ a_2 & b_2 \end{vmatrix} = a_1 b_2 - a_2 b_1 = 0 \text{ erfüllt ist.}$$

Durch eine singuläre affine Abbildung werden die Punkte der Ebene auf die Punkte einer einzigen Geraden g abgebildet ((a_1, a_2, b_1, b_2) $\neq$ (0, 0, 0, 0) vorausgesetzt). Dabei gibt es eine Schar paralleler Geraden derart, dass alle Punkte einer jeden dieser Parallelen jeweils den gleichen Bildpunkt auf g haben.

Zahlenfolgen

Abbildungen von $\mathbb{N}^*$ in $\mathbb{R}$ heißen (reelle) Zahlenfolgen (Folgen). Das Bild von n kann mit a_n bezeichnet werden und heißt das *n-te Glied* der Zahlenfolge (a_n).

Schranken

- Eine Zahlenfolge (a_n) heißt *beschränkt*, wenn es mindestens eine Zahl $k > 0$ (*Schranke*) so gibt, dass $|a_n| \leq k$ (also $-k \leq a_n \leq k$) für alle $n \in \mathbb{N}^*$ gilt.
- Eine Zahlenfolge (a_n) heißt nach oben beschränkt, wenn es mindestens eine Zahl k_1 (obere Schranke) mit $a_n \leq k_1$ für alle $n \in \mathbb{N}^*$ gibt. Die kleinste obere Schranke heißt die *obere Grenze* (Supremum, sup)

Monotonie

- Eine Zahlenfolge (a_n) heißt monoton zunehmend (wachsend, nicht abnehmend), wenn $a_n \leq a_{n+1}$ für alle $n \in \mathbb{N}^*$ gilt. Gleichwertig ist $a_{n+1} - a_n \geq 0$ für alle $n \in \mathbb{N}^*$.
- Eine Zahlenfolge (a_n) heißt streng monoton zunehmend, wenn sogar $a_n < a_{n+1}$ für alle $n \in \mathbb{N}^*$ erfüllt ist.
- Eine Zahlenfolge (a_n) heißt monoton abnehmend (fallend, nicht zunehmend), wenn $a_n \geq a_{n+1}$ für alle $n \in \mathbb{N}^*$ gilt. Gleichwertig ist $a_{n+1} - a_n \leq 0$ für alle $n \in \mathbb{N}^*$.
- Eine Zahlenfolge (a_n) heißt streng monoton abnehmend, wenn sogar $a_n > a_{n+1}$ für alle $n \in \mathbb{N}^*$ erfüllt ist.

Grenzwert

- Eine Zahlenfolge (a_n) heißt *konvergent* zum Grenzwert a, wenn gilt:
  Zu jeder beliebig, aber fest vorgegebenen Zahl $\varepsilon > 0$ gibt es (dazu passend) stets mindestens eine Zahl $n_0 \in \mathbb{N}^*$ so, dass für alle n mit $n \geq n_0$ gilt: $|a - a_n| < \varepsilon$.
  Man schreibt: $\lim\limits_{n \to \infty} a_n = a$ (gelesen: „Limes von a_n für n gegen unendlich ist a")
  oder auch: $a_n \to a$ für $n \to \infty$ (gelesen: „a_n strebt gegen a für n gegen unendlich").
- Eine Zahlenfolge hat höchstens einen Grenzwert. Jede konvergente Folge ist beschränkt (die Umkehrung gilt nicht). Jede monotone und beschränkte Folge ist konvergent.
- Eine Zahlenfolge (a_n) strebt gegen $+\infty$ (gegen $-\infty$), wenn es zu jeder beliebig, aber fest vorgegebenen Zahl k stets mindestens ein n_0 derart gibt, dass $k \leq a_n$ (dass $k \geq a_n$) für alle $n \geq n_0$ erfüllt ist. Man schreibt: $a_n \to +\infty$ ($a_n \to -\infty$) für $n \to \infty$.
- Jede nicht konvergente Zahlenfolge heißt *divergent*. Strebt eine Zahlenfolge gegen $+\infty$ oder gegen $-\infty$, so wird sie „*bestimmt divergent*" genannt.

Grenzwertsätze

Sind (a_n) und (b_n) konvergente Folgen mit $\lim\limits_{n \to \infty} a_n = a$ und $\lim\limits_{n \to \infty} b_n = b$, dann ist

$$\lim_{n \to \infty} (a_n \pm b_n) = a \pm b \text{ und } \lim_{n \to \infty} (a_n b_n) = ab \text{ und } \lim_{n \to \infty} \frac{a_n}{b_n} = \frac{a}{b}, \text{ falls } b_n \neq 0 \text{ für } n \in \mathbb{N}^* \text{ und } b \neq 0.$$

Grenzwerte spezieller Zahlenfolgen

$$\lim_{n \to \infty} \left(1 + \frac{1}{n}\right)^n = e = 2{,}7182818\ldots \text{ (Eulersche Zahl)}; \quad \lim_{n \to \infty} \left(1 - \frac{1}{n}\right)^n = \frac{1}{e}; \quad \lim_{n \to \infty} \left(1 + \frac{x}{n}\right)^n = e^x$$

$$\lim_{n \to \infty} a^n = 0 \text{ für } |a| < 1; \quad \lim_{n \to \infty} \sqrt[n]{a} = 1 \text{ für } a > 0; \quad \lim_{n \to \infty} \sqrt[n]{n} = 1; \quad \lim_{n \to \infty} \frac{a^n}{n!} = 0; \quad \lim_{n \to \infty} \frac{\ln n}{n} = 0$$

Intervallschachtelungen

Ist (a_n) eine monoton steigende, (b_n) eine monoton fallende Zahlenfolge, gilt $a_n \leq b_n$ für alle $n \in \mathbb{N}^*$ und $\lim\limits_{n \to \infty} (b_n - a_n) = 0$, so heißt die Folge von Intervallen $[a_1, b_1]$, $[a_2, b_2]$, ..., $[a_n, b_n]$, ... eine Intervallschachtelung. Sind alle a_i und alle b_i rationale Zahlen, dann liegt eine rationale Intervallschachtelung vor.

Intervallschachtelungsaxiom

Zu jeder Intervallschachtelung gibt es genau eine „innerste reelle Zahl" r mit $a_n \leq r \leq b_n$ für alle $n \in \mathbb{N}^*$.

Beweisverfahren der vollständigen Induktion

Vorgegeben ist eine Aussageform $A(n)$ bezüglich der Grundmenge $\mathbb{N}^*$. Um nachzuweisen, dass diese Aussageform $A(n)$ bezüglich $\mathbb{N}^*$ allgemeingültig ist (dass ihre Lösungsmenge L mit $\mathbb{N}^*$ zusammenfällt), genügt es zu zeigen:

I. Die Zahl 1 ist ein Lösungselement von $A(n)$. **(Induktionsanfang, Induktionsverankerung)**

II. Wenn n_0 ein Lösungselement von $A(n)$ ist, dann ist stets auch $n_0 + 1$ ein Lösungselement von $A(n)$. **(Induktionsschluss, Schluss von n auf $n + 1$)**

▪ Spezielle Funktionen

Eine Abbildung $f: D \to Z$ mit $x \mapsto f(x)$ (gelesen: „x wird abgebildet auf f von x") mit $D \subseteq \mathbb{R}$ und $Z \subseteq \mathbb{R}$ heißt eine (reelle) Funktion. Man nennt $f(x)$ den *Funktionswert*, D die *Definitionsmenge* (den *Definitionsbereich*) der Funktion f, Z die *Zielmenge* und $W = \{f(x) \,|\, x \in D\}$ die *Menge der Werte* von f.

Funktionsklassen (gemäß ihrem Funktionsterm)

▪ *Ganzrationale Funktion f vom Grad n:*
$x \mapsto f(x) = a_n x^n + a_{n-1} x^{n-1} + \dots + a_1 x + a_0$ mit $a_i \in \mathbb{R}$, $a_n \neq 0$.
Der Funktionsterm $a_n x^n + \dots + a_1 x + a_0$ heißt *Polynom n-ten Grades*, der *Graph* (das *Schaubild*) $k: y = f(x)$ *Parabel n-ter Ordnung*.

▪ *Gebrochenrationale Funktion f:* $x \mapsto f(x) = \dfrac{a_n x^n + a_{n-1} x^{n-1} + \dots + a_1 x + a_0}{b_m x^m + m_{m-1} x^{m-1} + \dots + b_1 x + b_0}$ mit $a_i \in \mathbb{R}$, $b_j \in \mathbb{R}$.

▪ Eine *algebraische Kurve* wird durch eine algebraische Gleichung
$P_n(x) y^n + P_{n-1}(x) y^{n-1} + \dots + P_1(x) y + P_0(x) = 0$ mit Polynomen $P_i(x)$ gegeben. Dabei muss das Polynom $P_i(x)$ nicht vom Grad i sein.

▪ Eine *transzendente Funktion f:* $x \mapsto f(x) = y$ kann nicht durch eine algebraische Gleichung gegeben werden.

▪ *Betrag von a ($|a|$)*
$|a| = a$ für $a \geq 0$
$|a| = 0$ für $a = 0$
$|a| = -a$ für $a \leq 0$

▪ *Signum von a* (sgn a)
sgn $a = 1$ für $a > 0$
sgn $a = 0$ für $a = 0$
sgn $a = -1$ für $a < 0$

▪ Gesetzes für Beträge
$(a, b \in \mathbb{R})$
$|a \cdot b| = |a| \cdot |b|$
Dreiecksungleichung
$|a + b| \leq |a| + |b|$

▪ *Gaussklammer $[a]$*
Ist a reell, so bezeichnet $[a]$ die größte ganze Zahl, die nicht größer als a ist:
$[a] := z$ mit $z \in \mathbb{Z}$ und $a - 1 < z \leq a$

55

■ Grenzwerte bei Funktionen

Intervalle

- ■ *Offenes* Intervall: $\qquad]a, b[:= \{x \mid a < x < b \text{ und } x \in \mathbb{R}\}$
- ■ *Abgeschlossenes* Intervall: $[a, b] := \{x \mid a \leq x \leq b \text{ und } x \in \mathbb{R}\}$
- ■ *Halboffene* Intervalle: $\qquad]a, b] := \{x \mid a < x \leq b \text{ und } x \in \mathbb{R}\}$, $[a, b[:= \{x \mid a \leq x < b \text{ und } x \in \mathbb{R}\}$.
- ■ ε-*Umgebung* einer Stelle $x = a$ für $\varepsilon > 0$ (offene ε-Umgebung der Stelle $x = a$):
  $U_\varepsilon(a) := \{x \mid |x - a| < \varepsilon \text{ und } x \in \mathbb{R}\} = \{x \mid a - \varepsilon < x < a + \varepsilon \text{ und } x \in \mathbb{R}\}$.

Grenzwert für x gegen a, Grenzwert für x gegen $\pm \infty$

Die Funktion f sei in einer Umgebung der Stelle $x = a$ definiert, muss aber an der Stelle a selbst nicht definiert sein.

1. Fassung der Grenzwertdefinition

- ■ Es heißt g der Grenzwert von f für x gegen a, wenn es zu jeder beliebig, aber fest vorgegebenen Zahl $\varepsilon > 0$ stets mindestens eine (dazu passende) Zahl $\delta > 0$ derart gilt, dass für alle x mit $|x - a| < \delta$ und $x \neq a$ stets $|f(x) - g| < \varepsilon$ gilt.
- ■ Schreibweisen: $\lim\limits_{x \to a} f(x) = g$ bzw. $f(x) \to g$ für $x \to a$.

2. Fassung der Grenzwertdefinition

Es heißt g der Grenzwert von f für x gegen a, wenn für jede Urbildfolge (x_n) mit $x_n \neq a$ für alle n, welche gegen a konvergiert, die Folge $(f(x_n))$ der zugehörigen Funktionswerte gegen g konvergiert.

Grenzwert für x gegen $+\infty$ (Grenzwert für x gegen $-\infty$)

Es heißt g der Grenzwert von f für x gegen plus unendlich (gegen minus unendlich), wenn es zu jedem beliebig, aber fest vorgegebenen $\varepsilon > 0$ stets mindestens eine dazu passende Stelle x_1 (Stelle x_2) gibt mit $|f(x) - g| < \varepsilon$ für alle x mit $x > x_1$ (mit $x < x_2$).

Halbseitige Grenzwerte

- ■ Es heißt g linksseitiger (rechtsseitiger) Grenzwert von f für x gegen a [von unten (von oben) her], wenn es zu jedem fest vorgegebenen $\varepsilon > 0$ stets mindestens ein $\delta > 0$ so gibt, dass für alle x mit $a - \delta < x < a$ ($a < x < a + \delta$) stets $|f(x) - g| < \varepsilon$ erfüllt ist.
- ■ Schreibweisen: linksseitiger Grenzwert: $\lim\limits_{x \to a - 0} f(x) = g$ bzw. $f(x) \to g$ für $x \to a - 0$
  rechtsseitiger Grenzwert: $\lim\limits_{x \to a + 0} f(x) = g$ bzw. $f(x) \to g$ für $x \to a + 0$

Rechnen mit Grenzwerten: Existieren $\lim\limits_{x \to a} f(x) = u$ und $\lim\limits_{x \to a} g(x) = v$, so gilt:

$$\lim\limits_{x \to a} [f(x) \pm g(x)] = u \pm v$$

$$\lim\limits_{x \to a} [f(x) \cdot g(x)] = u \cdot v; \quad \lim\limits_{x \to a} \frac{f(x)}{g(x)} = \frac{u}{v}, \text{ wenn } v \neq 0.$$

Substitution: Ist $f(x)$ für $x > 0$ definiert und existiert $\lim\limits_{x \to \infty} f(x)$, so ist $\lim\limits_{x \to \infty} f(x) = \lim\limits_{x \to 0 + 0} f\left(\dfrac{1}{x}\right)$.

Verkettung: Ist $\lim\limits_{x \to x_0} f(x) = u_0$ und g an der Stelle u_0 stetig, so ist $\lim\limits_{x \to x_0} g[f(x)] = g(u_0)$.

Regel von
de l'Hospital: Es seien f und g differenzierbar, $g'(x) \neq 0$ und $\lim\limits_{x \to a} f(x) = \lim\limits_{x \to a} g(x) = 0$:

Existiert dann $\lim\limits_{x \to a} \dfrac{f'(x)}{g'(x)}$, so gilt $\lim\limits_{x \to a} \dfrac{f(x)}{g(x)} = \lim\limits_{x \to a} \dfrac{f'(x)}{g'(x)}$.

Einige Grenzwerte

$$\lim_{x \to 0} \frac{\sin x}{x} = 1; \quad \lim_{x \to 0} \frac{\sin nx}{mx} = \frac{n}{m} \text{ für } m \neq 0; \quad \lim_{x \to \infty} \frac{x^n}{e^x} = 0; \quad \lim_{x \to \infty} \frac{\ln x}{x^a} = 0 \text{ für } a > 0$$

Stetige Funktionen

Es heißt $f: D \to \mathbb{R}$ an der Stelle $a \in D$ (*lokal*) *stetig*, wenn $\lim\limits_{x \to a} f(x)$ existiert und $\lim\limits_{x \to a} f(x) = f(a)$ erfüllt ist.

Es heißt $f: D \to \mathbb{R}$ (*global*) *stetig*, wenn f an jeder Stelle $a \in D$ stetig ist.

Es heißt $f: [a, b] \to \mathbb{R}$ *Lipschitz-stetig* (dehnungsbeschränkt), wenn es eine reelle Zahl $L > 0$ so gibt, dass für alle $x_1, x_2 \in [a, b]$ gilt: $|f(x_1) - f(x_2)| < L |x_1 - x_2|$.

Jede Lipschitz-stetige Funktion ist stetig. Die Umkehrung gilt nicht.

Rechnen mit stetigen Funktionen

Sind f und g an der Stelle a stetig, so sind auch $f + g$, $f - g$, $f \cdot g$ und $f : g$ (falls $g(a) \neq 0$) an der Stelle a stetig.

Verkettung von stetigen Funktionen

Ist g an der Stelle $x = a$ und f an der Stelle $u = g(a)$ stetig, so ist auch $f \circ g : x \mapsto f[g(x)]$ an der Stelle $x = a$ stetig.

Stetigkeit – Differenzierbarkeit

Jede differenzierbare Funktion ist stetig. Nicht jede stetige Funktion ist differenzierbar.

Intervallsatz (Zusammenhangseigenschaft)

Jede stetige Funktion bildet ein abgeschlossenes Intervall stets auf ein abgeschlossenes Intervall ab.

Satz von der Beschränktheit

Ist f im abgeschlossenen Intervall $[a, b]$ stetig, so ist f dort beschränkt (muss für offene Intervalle nicht gelten).

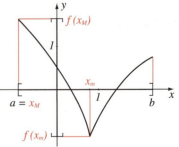

Satz vom Maximum und Minimum

Ist f im abgeschlossenen Intervall $[a, b]$ stetig, so existieren x_m, $x_M \in [a, b]$ mit $f(x_m) \leq f(x) \leq f(x_M)$ für alle $x \in [a, b]$.

Zwischenwertsatz

Ist f im abgeschlossenen Intervall $[a, b]$ stetig, so nimmt $f(x)$ jeden Wert zwischen $f(a)$ und $f(b)$ in $[a, b]$ mindestens einmal an.

Nullstellensatz

Ist f im abgeschlossenen Intervall $[a, b]$ stetig und haben $f(a)$ und $f(b)$ verschiedene Vorzeichen, so gibt es mindestens eine Stelle x_0 mit $a < x_0 < b$ und $f(x_0) = 0$.

■ Differenzialrechnung

Differenzierbarkeit und Begriff der Ableitung

■ Es sei f in einer Umgebung der Stelle x_0 definiert. Es heißt f an der Stelle x_0 *differenzierbar* (ableitbar), wenn der Grenzwert $f'(x_0) := \lim\limits_{x \to x_0} \dfrac{f(x) - f(x_0)}{x - x_0}$ existiert. Dann heißt $f'(x_0)$ der Wert der ersten Ableitung von f an der Stelle x_0.

■ *Ansätze* zur Berechnung von $f'(x_0)$:

$$f'(x_0) = \lim_{x \to x_0} \frac{f(x) - f(x_0)}{x - x_0} = \lim_{h \to 0} \frac{f(x_0 + h) - f(x_0)}{h}$$

$$= \lim_{\Delta x \to 0} \frac{f(x_0 + \Delta x) - f(x_0)}{\Delta x}$$

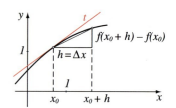

■ Es heißt $f: D \to \mathbb{R}$ (global) *differenzierbar*, wenn f an jeder Stelle $x_0 \in D$ differenzierbar ist. Die Funktion $f': x \mapsto f'(x)$ heißt 1. Ableitung (1. Ableitungsfunktion) von f.

Höhere Ableitungen

Zweite Ableitung: $f'' := (f')'$; dritte Ableitung: $f''' := (f'')'$; n-te Ableitung: $f^{(n)} := (f^{(n-1)})'$.

Zerlegungsformel: Es ist f dann und nur dann an der Stelle x_0 differenzierbar, wenn sich die Differenz $\Delta y = f(x_0 + h) - f(x_0)$ wie folgt schreiben lässt:

$$\Delta y = f(x_0 + h) - f(x_0) = f'(x_0)h + r(h)h \quad \text{mit } r(h) \to 0 \text{ für } h \to 0.$$

Näherungsformel: $f(x_0 + h) - f(x_0) \approx f'(x_0)h$ für kleine $|h|$.

Differenzial: Ist f an der Stelle x_0 differenzierbar, so nennt man $dy = df(x_0; h) := f'(x_0)h$ das zur Stelle x_0 und zum Argumentzuwachs (Inkrement) h gehörende *Differenzial* von f.

Ableitung als *Differenzialquotient:* $\dfrac{dy}{dx} = \dfrac{df}{dx} = \dfrac{df(x_0; h)}{h} = f'(x_0)$.

Differenzenquotient (Steigung der *Sekante* durch $P(x_0 | f(x_0))$ und $Q(x_0 + h | f(x_0 + h))$:

$$\tan \sigma = \frac{\Delta y}{\Delta x} = \frac{f(x_0 + h) - f(x_0)}{h}.$$

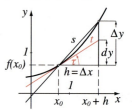

Differenzialquotient (*Steigung der Tangente* in $P(x_0 | f(x_0))$):

$$\tan \tau = \frac{dy}{dx} = \lim_{h \to 0} \frac{f(x_0 + h) - f(x_0)}{h} = f'(x_0).$$

Ableitungsregeln (Differenziationsregeln)

Es seien $u: x \mapsto u(x)$ und $v: x \mapsto v(x)$ auf einer gemeinsamen Definitionsmenge differenzierbar.

■ **Summenregel:** $(u \pm v)' = u' \pm v'$;

■ **Faktorregel:** $(c \cdot f)' = c \cdot f'$ für $c = \text{const.}$

■ **Produktregel:** $(u \cdot v)' = u' \cdot v + u \cdot v'$

■ **Quotientenregel:** $\left(\dfrac{u}{v}\right)' = \dfrac{u' \cdot v - u \cdot v'}{v^2}$

■ **Kettenregel:** $g: x \mapsto g(x) = u$; $f: u \mapsto f(u) = y$; $f \circ g: x \mapsto (f \circ g)(x) = f[g(x)] = y$, dann ist $(f \circ g)'(x) = f'[g(x)] \cdot g'(x) = f'(u) \cdot g'(x)$

Schreibweise mit *Differenzialquotienten:* $\dfrac{dy}{dx} = \dfrac{dy}{du} \cdot \dfrac{du}{dx}$

Ableitungen (Ableitungsfunktionen) f' einiger Funktionen f

$f(x)$	$f'(x)$	$f(x)$	$f'(x)$	$f(x)$	$f'(x)$
c (Konst.)	0	$\sin x$	$\cos x$	$\arcsin x$	$\dfrac{1}{\sqrt{1-x^2}}$ für $|x|<1$
cx^n	cnx^{n-1} für $n \in \mathbb{N}^*$	$\cos x$	$-\sin x$	$\arccos x$	$-\dfrac{1}{\sqrt{1-x^2}}$ für $|x|<1$
x^r	rx^{r-1} für $r \in \mathbb{R}\setminus\{0\}$	$\tan x$	$\dfrac{1}{\cos^2 x} = 1 + \tan^2 x$	$\arctan x$	$\dfrac{1}{1+x^2}$
e^x	e^x	$\ln|x|$	$\dfrac{1}{x}$	a^x	$a^x \cdot \ln a$

Globale Sätze der Differenzialrechnung

Mittelwertsatz der Differenzialrechnung

Ist f in $]a,b[$ differenzierbar und an den Stellen a und b stetig,

so gibt es mindestens eine Stelle z mit $a < z < b$ und $f'(z) = \dfrac{f(b)-f(a)}{b-a}$.

Mit diesem z ist $f(b) = f(a) + f'(z)\cdot(b-a)$.

(Im Sonderfall $f(a) = f(b)$ ergibt sich der **Satz von Rolle**).

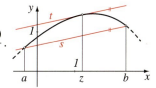

(Globaler) Monotoniesatz

Ist f in $]a,b[$ differenzierbar und an den Stellen a und b stetig und ist $f'(x) > 0$ ($f'(x) < 0$) für alle $x \in]a,b[$ erfüllt, so ist f auf $[a,b]$ streng monoton wachsend (fallend).

Schrankensatz

Ist f in $]a,b[$ differenzierbar und an den Stellen a und b stetig und existieren m und M mit $m < f'(x) < M$ für alle $x \in]a,b[$, so gilt für alle $x_1, x_2 \in [a,b]$ mit $x_1 < x_2$ stets $m\cdot(x_2 - x_1) < f(x_2) - f(x_1) < M \cdot (x_2 - x_1)$.

Satz über die Kennzeichnung konstanter Funktionen

Ist f in $]a,b[$ differenzierbar und an den Stellen a und b stetig und $f'(x) = 0$ für alle $x \in]a,b[$, so gibt es stets eine reelle Zahl k mit $f(x) = k$ für alle $x \in [a,b]$.

Potenzreihenentwicklung

Satz von Taylor: Es sei f mindestens $(n+1)$-mal differenzierbar. Setzt man

$$f(a+h) = f(a) + \frac{f'(a)}{1!}h + \frac{f''(a)}{2!}h^2 + \frac{f'''(a)}{3!}h^3 + \ldots + \frac{f^{(n)}(a)}{n!}h^n + r_n,$$

so gibt es stets ein ϑ mit $0 < \vartheta < 1$ so, dass das *Restglied* r_n als $r_n = \dfrac{h^{n+1}}{(n+1)!}f^{(n+1)}(a+\vartheta h)$ darstellbar ist.

Beispiele konvergenter Potenzreihen

$$e^x = 1 + \frac{x}{1!} + \frac{x^2}{2!} + \frac{x^3}{3!} + \frac{x^4}{4!} + \ldots \quad \text{für alle } x \in \mathbb{R}$$

$$\sin x = \frac{x}{1!} - \frac{x^3}{3!} + \frac{x^5}{5!} - \frac{x^7}{7!} + \frac{x^9}{9!} - \ldots \quad \text{für alle } x \in \mathbb{R}$$

$$\cos x = 1 - \frac{x^2}{2!} + \frac{x^4}{4!} - \frac{x^6}{6!} + \frac{x^8}{8!} - \ldots \quad \text{für alle } x \in \mathbb{R}$$

Abschätzungen für sin x und cos x: $x - \frac{x^3}{6} < \sin x < x$ und $1 - \frac{x^2}{2} < \cos x < 1$ für $0 < x < \frac{\pi}{2}$

Bernoullische Ungleichung: $(1 + x)^n > 1 + nx$ für $x > -1$, $x \neq 0$ und $n \in \mathbb{N} \setminus \{0; 1\}$.

Umkehrfunktionen

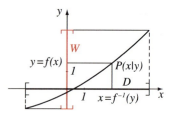

- $\tilde{f}: D \to \mathbb{R}$ mit $x \mapsto y = \tilde{f}(x)$ heißt *injektiv* (umkehrbar), wenn für alle $x_1, x_2 \in D$ aus $x_1 \neq x_2$ stets $\tilde{f}(x_1) \neq \tilde{f}(x_2)$ folgt.
- $W := \{y \mid y = \tilde{f}(x) \text{ und } x \in D\}$ ist die Menge der Werte (Bilder) von $\tilde{f}$.
- Ist $\tilde{f}: D \to \mathbb{R}$ mit $x \mapsto y = \tilde{f}(x)$ injektiv, so ist die Funktion $f: D \to W$ mit $x \mapsto y = f(x) = \tilde{f}(x)$ *bijektiv*. Zu f gibt es genau eine Umkehrfunktion $f^{-1}: W \to D$ mit $y \mapsto x = f^{-1}(y)$.
- Die Funktion f hat den Graphen $k: y = f(x)$. Wird die Gleichung $y = f(x)$ nach x aufgelöst, dann ergibt sich $x = f^{-1}(y)$. Vertauscht man in $x = f^{-1}(y)$ die Variablen x und y, so ergibt sich $f^{-1}: x \mapsto y = f^{-1}(x)$.
- Der Graph $\bar{k}: y = f^{-1}(x)$ entsteht aus k durch Spiegelung an der 1. Winkelhalbierenden $w: y = x$.

Hinreichende Bedingung für die Existenz einer Umkehrfunktion

Ist $f: J \to \mathbb{R}$ im Intervall J streng monoton, so gibt es genau eine Umkehrfunktion $f^{-1}: W_f \to J$.

Ableitung der Umkehrfunktion

Ist $f: J \to \mathbb{R}$ umkehrbar und differenzierbar mit $f'(x) \neq 0$ für alle $x \in J$, so ist die Umkehrfunktion $f^{-1}: W_f \to J$ mit $y \mapsto x = f^{-1}(y)$ differenzierbar und $(f^{-1})'(y) \cdot f'(x) = 1$, also $(f^{-1})'(y) = \frac{1}{f'(x)}$ mit $x = f^{-1}(y)$.

Iterationsverfahren zur Gewinnung einer Näherungslösung der Gleichung $f(x) = 0$

Allgemeines Iterationsverfahren

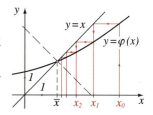

Gesucht ist $\bar{x}$ mit $f(\bar{x}) = 0$.
Ein beispielsweise grafisch gefundener Rohwert x_0 mit $f(x_0) \approx 0$ soll durch ein Iterationsverfahren $x_1 = \varphi(x_0), \ldots, x_{n+1} = \varphi(x_n)$ verbessert werden. Mithilfe von Äquivalenzumformungen wird $f(x) = 0$ zu $x = \varphi(x)$ umgeformt. Gesucht ist dann $\bar{x}$ mit $\bar{x} = \varphi(\bar{x})$.

Konvergenzaussage

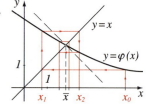

Ist gesichert, dass es im Intervall J genau ein $\bar{x}$ mit $\bar{x} = \varphi(\bar{x})$ gibt und gibt es weiter eine Zahl L mit $0 \leq L < 1$ so, dass $|\varphi'(x)| \leq L$ für alle $x \in J$ erfüllt ist, dann konvergiert die Zahlenfolge
$x_0, x_1 = \varphi(x_0), \ldots, x_{n+1} = \varphi(x_n), \ldots$
zumindest dann gegen $\bar{x}$, wenn x_0 aus dem Intervall J gewählt wird.

Fehlerabschätzungen

$$|\bar{x} - x_{n+1}| \leq \frac{L}{1-L} |x_{n+1} - x_n| \quad \text{und} \quad |\bar{x} - x_n| \leq \frac{L^n}{1-L} |x_1 - x_0|.$$

Konvergenzverbesserungen

Die Zahlenfolge (x_n) konvergiert um so „rascher" gegen $\bar{x}$, je näher L bei 0 liegt.

■ 1. Ansatz: $x = \psi(x) = \dfrac{\varphi(x) - cx}{1 - c}$ mit $c \approx \varphi'(x_0)$ und $c \neq 1$, damit $\psi'(\bar{x}) \approx 0$ erwartet werden kann.

■ 2. Ansatz (ohne $f(x) = 0$ nach x aufzulösen): $x = \varphi(x) = x - \dfrac{f(x)}{a}$ mit $a \approx f'(x_0)$ und $a \neq 0$, damit $\varphi'(\bar{x}) \approx 0$ erwartet werden kann.

Spezielle Iterationsverfahren

Gesucht ist $\bar{x}$ mit $f(\bar{x}) = 0$.

■ *Newton-Verfahren* (*Tangentenverfahren*)

Rohwert x_0 mit $f(x_0) \approx 0$.

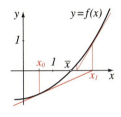

$$x_1 = x_0 - \frac{f(x_0)}{f'(x_0)}$$

$$x_2 = x_1 - \frac{f(x_1)}{f'(x_1)}$$

$$\vdots$$

$$x_{n+1} = x_n - \frac{f(x_n)}{f'(x_n)}$$

Das Verfahren wird iteriert.

Kriterium für die Anwendbarkeit des Verfahrens: Es gibt ein $\bar{x}$ mit $f(\bar{x}) = 0$ und $f'(\bar{x}) \neq 0$.

In einem Intervall, das $\bar{x}$, x_0 und alle Näherungswerte x_i enthält, muss gelten:

$$\left| \frac{f(x) f''(x)}{(f'(x))^2} \right| \leq L < 1.$$

■ *Regula falsi* (*Sekantenverfahren*)

Rohwerte x_1 und x_2. Es sei $f(x_1) < 0$, $f(x_2) > 0$ und $\bar{x}$ zwischen x_1 und x_2 ($x_1 < x_2$ ist nicht nötig). Berechnet wird

$$x_3 = x_1 - f(x_1) \frac{x_2 - x_1}{f(x_2) - f(x_1)}$$

$$= x_2 - f(x_2) \frac{x_1 - x_2}{f(x_1) - f(x_2)}$$

Ist $f(x_3) \neq 0$, so gewinnt man x_4 entweder mithilfe der Werte x_1 und x_3 oder aber mithilfe von x_2 und x_3:

Ist $f(x_3) < 0$, dann

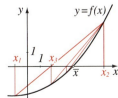

$$x_4 = x_3 - f(x_3) \frac{x_2 - x_3}{f(x_2) - f(x_3)}.$$

Ist $f(x_3) > 0$, dann

$$x_4 = x_3 - f(x_3) \frac{x_1 - x_3}{f(x_1) - f(x_3)}.$$

Das Verfahren wird iteriert.

■ Kurvenuntersuchungen

Vorgegeben ist eine Funktion $f: D \to \mathbb{R}$ mit $x \mapsto f(x)$.
Liegt ein kartesisches Koordinatensystem zugrunde, so heißt die Punktmenge
$k = \{P(x|y) \,|\, y = f(x) \text{ und } x \in D\}$ der *Graph* von f (das *Schaubild von f*).
Man schreibt auch $k: y = f(x)$. (Gelesen: „k wird gegeben durch die Gleichung y gleich f von x").

Periode

f hat die Periode $p > 0$, wenn $f(x + zp) = f(x)$ für alle $x \in D$ und $z \in \mathbb{Z}$ erfüllt ist (und p die kleinste positive Zahl mit dieser Eigenschaft ist). Oft wird dann f nur in einem Hauptintervall der Länge p betrachtet.

Symmetrien

■ k ist symmetrisch zur y-Achse, wenn $f(x) = f(-x)$ für alle $x \in D$ erfüllt ist.
 f heißt dann eine *gerade* Funktion.

■ k ist punktsymmetrisch zum Ursprung $O(0|0)$, wenn $f(x) = -f(-x)$ für alle $x \in D$ erfüllt ist.
 f heißt dann eine *ungerade* Funktion.

■ k ist symmetrisch zur Geraden $g: x = a$, wenn $f(a + z) = f(a - z)$ für alle z mit $(a \pm z) \in D$ erfüllt ist.

■ k ist punktsymmetrisch zu $W(a|b)$, wenn $\dfrac{f(a+z) + f(a-z)}{2} = b$ für alle z mit $(a \pm z) \in D$ erfüllt ist.

Asymptotische Näherungskurven für große $|x|$

■ $n: y = g(x)$ ist eine asymptotische Näherungskurve von $k: y = f(x)$, wenn
$$\lim_{x \to +\infty} (f(x) - g(x)) = 0 \text{ oder } \lim_{x \to -\infty} (f(x) - g(x)) = 0 \text{ oder beides erfüllt ist.}$$

■ Ist n eine Gerade, so heißt n eine *Asymptote* von k. Ist eine Asymptote parallel zur x-Achse, so heißt sie *waagrechte (horizontale)*, andernfalls *schiefe Asymptote*.

Vertikale Asymptoten

Ist f an der Stelle $x = a$ nicht definiert und strebt für x gegen a (bzw. $a + 0$ oder $a - 0$) der Wert $f(x)$ gegen $+\infty$ oder gegen $-\infty$, so heißt die Gerade $v: x = a$ eine vertikale Asymptote. f hat dann an der Stelle $x = a$ eine Polstelle (Unendlichkeitsstelle).

Nullstellen

Ist $a \in D$ und $f(a) = 0$, so heißt a eine Nullstelle von f. $N(a|0)$ ist ein Schnittpunkt von k mit der x-Achse.

Absolute und relative Maxima einer Funktion

■ Ist $b \in D$ und $f(b) \geq f(x)$ für alle $x \in D$, so hat f an der Stelle $x = b$ ein absolutes Maximum.

■ Ist $d \in D$ und gibt es mindestens eine Umgebung U von d so, dass $f(d) \geq f(x)$ für alle $x \in U$ erfüllt ist, so hat f an der Stelle $x = d$ ein relatives Maximum; der Punkt $H(d|f(d))$ heißt dann Hochpunkt von k.

Monotonie

■ f heißt im Intervall J streng monoton zunehmend (streng monoton wachsend), wenn für alle $x_1, x_2 \in J$ aus $x_1 < x_2$ stets $f(x_1) < f(x_2)$ folgt.
 Gleichwertig ist: Aus $x_2 - x_1 > 0$ folgt stets $f(x_2) - f(x_1) > 0$.

■ f heißt im Intervall J streng monoton abnehmend (streng monoton fallend), wenn für alle $x_3, x_4 \in J$ aus $x_3 < x_4$ stets $f(x_3) > f(x_4)$ folgt. Gleichwertig ist: Aus $x_4 - x_3 > 0$ folgt stets $f(x_4) - f(x_3) < 0$.

■ f heißt im Intervall J monoton zunehmend (nicht abnehmend), wenn für alle $x_1, x_2 \in J$ aus $x_1 < x_2$ stets $f(x_1) \leq f(x_2)$ folgt. Gleichwertig ist: Aus $x_2 - x_1 > 0$ folgt stets $f(x_2) - f(x_1) \geq 0$.

Globale Monotonieaussage (Hinreichendes Kriterium)

■ Ist $f'(x) > 0$ für alle $x \in J$, so ist f auf J streng monoton zunehmend (wachsend).

■ Ist $f'(x) < 0$ für alle $x \in J$, so ist f auf J streng monoton abnehmend (fallend).

■ Ist $f'(x) \geq 0$ für alle $x \in J$, so ist f auf J nicht abnehmend. (Dabei ist J ein Intervall.)

Waagepunkt

■ Ist $f'(a) = 0$, dann heißt der Kurvenpunkt $P(a|f(a))$ ein *Waagepunkt*. Ein Waagepunkt muss weder Hochpunkt noch Tiefpunkt sein.

───────────── **Hochpunkte, Tiefpunkte** ─────────────

Ist f differenzierbar, so ist $f'(a) = 0$ eine **notwendige Bedingung** dafür, dass f an der Stelle $x = a$ ein relatives Extremum $f(a)$ hat.

1. Hinreichende Bedingung für die Existenz eines Hochpunktes

Hinreichend für den Nachweis des Hochpunktes $H(a|f(a))$ ist, zu zeigen, dass $f'(a) = 0$ und $f''(a) < 0$ erfüllt sind.

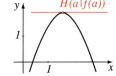

2. Hinreichende Bedingung für einen Hochpunkt

$H(a|f(a))$ ist schon dann als Hochpunkt erkannt, wenn neben $f'(a) = 0$ noch gezeigt ist, dass $f'(x)$ an der Stelle $x = a$ das Vorzeichen vom Positiven ins Negative wechselt.

1. Hinreichende Bedingung für die Existenz eines Tiefpunktes

Hinreichend für den Nachweis des Tiefpunktes $T(b|f(b))$ ist, zu zeigen, dass $f'(b) = 0$ und $f''(b) > 0$ erfüllt sind.

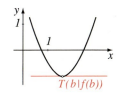

2. Hinreichende Bedingung für einen Tiefpunkt

$T(b|f(b))$ ist schon als Tiefpunkt erkannt, wenn neben $f'(b) = 0$ noch gezeigt ist, dass $f'(x)$ an der Stelle $x = b$ das Vorzeichen vom Negativen ins Positive wechselt.

───────────── **Wendepunkte** ─────────────

■ Ist f'' stetig und $f''(a) < 0$, so ist $k: y = f(x)$ in einer Umgebung der Stelle $x = a$ eine *Rechtskurve*; ist f'' stetig und $f''(b) > 0$, so ist k in einer Umgebung der Stelle $x = b$ eine *Linkskurve*.

■ k hat den *Wendepunkt* $W(c|f(c))$, wenn sie dort von einer Rechts- in eine Linkskurve oder von einer Links- in eine Rechtskurve übergeht.

Notwendige Bedingung für einen Wendepunkt

$W(c|f(c))$ ist höchstens dann ein Wendepunkt, wenn $f''(c) = 0$ erfüllt ist.

1. Hinreichende Bedingung für einen Wendepunkt

Ist $f''(c) = 0$ und $f'''(c) \neq 0$, so ist $W(c|f(c))$ sicher ein Wendepunkt von k.

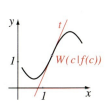

2. Hinreichende Bedingung für einen Wendepunkt

Ist $f''(c) = 0$ und wechselt $f''(x)$ an der Stelle $x = c$ das Vorzeichen, dann ist $W(c|f(c))$ ein Wendepunkt von k.

Wendetangente

■ Stets durchsetzt die *Wendetangente* die Kurve $k: y = f(x)$ im Wendepunkt $W(c|f(c))$. Ein Wendepunkt $W(c|f(c))$ mit einer horizontalen Wendetangente ($f'(c) = 0$) heißt *Sattelpunkt* (Terrassenpunkt, Stufenpunkt).

─────────────────── **Tangente, Normale, Krümmungskreis** ───────────────────

■ $k: y = f(x)$ hat im Kurvenpunkt $P(u|v) = P(u|f(u))$ die **Tangente** $t: y = f'(u)(x - u) + f(u)$.

■ Die zugehörige **Normale** enthält den Punkt $P(u|f(u))$ und ist zur Tangente t senkrecht (orthogonal).

■ Wir betrachten eine Kurve $k: y = f(x)$ über einem Intervall I.
Ist $f''(x) < 0$ für alle $x \in I$, dann heißt die Kurve k dort *rechtsgekrümmt*;
ist $f''(x) > 0$ für alle $x \in I$, dann heißt die Kurve k dort linksgekrümmt.
Ist $f''(u) \neq 0$ dann hat die Kurve k zum Kurvenpunkt $P(u|f(u))$ einen *Krümmungskreis*.

Dieser hat den Radius $\varrho = \dfrac{\sqrt{(1 + [f'(u)]^2)^3}}{f''(u)}$ und den Mittelpunkt $M(x_M|y_M)$ mit

$$x_M = u - \frac{f'(u)(1 + [f'(u)]^2)}{f''(u)}; \quad y_M = f(u) + \frac{1 + [f'(u)]^2}{f''(u)}.$$

Schneiden, berühren, oskulieren von zwei Kurven

Zwei Kurven $k: y = f(x)$ und $l: y = g(x)$

■ schneiden sich im Punkt $P(u|v)$ (haben den gemeinsamen Punkt $P(u|v)$), wenn $f(u) = g(u)$ erfüllt ist;

■ berühren sich in $P(u|v)$ sogar, wenn $f(u) = g(u)$ **und** $f'(u) = g'(u)$ erfüllt sind;

■ berühren sich in $P(u|v)$ von mindestens zweiter Ordnung (oskulieren sogar), wenn
$f(u) = g(u)$ **und** $f'(u) = g'(u)$ **und** $f''(u) = g''(u)$ erfüllt sind.

■ Integralrechnung

─────────────────── **Stammfunktion, unbestimmtes Integral** ───────────────────

■ $F: x \mapsto F(x)$ heißt eine **Stammfunktion** der Funktion $f: x \mapsto f(x)$, wenn $F'(x) = f(x)$ für alle $x \in D_F = D_f$ erfüllt ist. Im folgenden sei die Definitionsmenge D_f die Menge $\mathbb{R}$ oder ein Intervall. Jede stetige Funktion f hat Stammfunktionen. Sind F_1 und F_2 Stammfunktionen der gleichen Funktion f, so gibt es eine Konstante $c \in \mathbb{R}$ mit $F_1(x) = F_2(x) + c$ für alle $x \in D_f$. Die Menge aller Stammfunktionen der Funktion f heißt das unbestimmte Integral von f:

$$\int f(x)\,dx = F(x) + c \quad (c \text{ heißt Integrationskonstante}).$$

Integrationsregeln

■ *Linearität:* $\int (f(x) \pm g(x))\,dx = \int f(x)\,dx \pm \int g(x)\,dx; \quad \int c f(x)\,dx = c \int f(x)\,dx$

■ *Partielle Integration (Produktintegration):* $\int u'(x) v(x)\,dx = u(x) v(x) - \int u(x) v'(x)\,dx;$
kurz gefasst: $\int u'v\,dx = uv - \int uv'\,dx$

■ *Integration durch Substitution:* $\int f[g(x)] g'(x)\,dx = \int f(u)\,du$ mit $u = g(x)$, $du = g'(x)\,dx$

Sonderfall: $\displaystyle\int \frac{f'(x)}{f(x)}\,dx = \ln|f(x)| + c$, falls $f(x) \neq 0$ für alle $x \in D_f$.

Auswahl unbestimmter Integrale, (Integrationskonstante c)

$\int 0 \, dx = c$ (c Integrationskonstante) $\int a \, dx = ax + c$ ($a \in \mathbb{R}$)

$\int a x^n dx = \dfrac{a}{n+1} x^{n+1} + c$ ($n \in \mathbb{N}$) $\int x^r dx = \dfrac{1}{r+1} x^{r+1} + c$ ($r \in \mathbb{R} \setminus \{-1\}$)

$\int \dfrac{1}{x} \, dx = \ln|x| + c$ ($x \neq 0$) $\int \dfrac{ax+b}{dx+e} \, dx = \dfrac{ax}{d} - \dfrac{ae-bd}{d^2} \ln|dx+e| + c$

$\int \dfrac{1}{x^2 - a^2} \, dx = \dfrac{1}{2a} \ln\left|\dfrac{x-a}{x+a}\right| + c$ ($|x| \neq |a|$) $\int \dfrac{1}{x^2 + a^2} \, dx = \dfrac{1}{a} \arctan \dfrac{x}{a} + c$

$\int \dfrac{1}{\sqrt{x^2 - a^2}} \, dx = \ln|x + \sqrt{x^2 - a^2}| + c$ $\int \sqrt{x^2 + a^2} \, dx = \dfrac{x}{2}\sqrt{x^2 + a^2} + \dfrac{a^2}{2} \ln(x + \sqrt{a^2 + x^2}) + c$

$\int \dfrac{1}{\sqrt{a^2 - x^2}} \, dx = \arcsin \dfrac{x}{a} + c$ ($|x| \leq |a|$) $\int \dfrac{1}{\sqrt{x^2 + a^2}} \, dx = \ln(x + \sqrt{x^2 + a^2}) + c$

$\int e^x dx = e^x + c$ $\int a^{kx} dx = \dfrac{a^{kx}}{k \cdot \ln a} + c$ ($a > 0, a \neq 1$)

$\int \ln x \, dx = x \cdot \ln x - x + c$ $\int \tan^2 x \, dx = \tan x - x + c$

$\int \sin x \, dx = -\cos x + c$ $\int \cos x \, dx = \sin x + c$

$\int \sin^2 x \, dx = \dfrac{1}{2}(x - \sin x \cdot \cos x) + c$ $\int \cos^2 x \, dx = \dfrac{1}{2}(x + \sin x \cdot \cos x) + c$

$\int \dfrac{1}{\sin x} \, dx = \ln\left|\tan \dfrac{x}{2}\right| + c$ $\int \dfrac{1}{\cos x} \, dx = \ln\left|\tan\left(\dfrac{x}{2} + \dfrac{\pi}{4}\right)\right| + c$

$\int \tan x \, dx = -\ln|\cos x| + c$ $\int \cot x \, dx = \ln|\sin x| + c$

$\int \arcsin x \, dx = x \cdot \arcsin x + \sqrt{1 - x^2} + c$ $\int \arctan x \, dx = x \cdot \arctan x - \dfrac{1}{2}\ln(x^2 + 1) + c$

Flächeninhaltsfunktion und bestimmtes Integral

Es sei $f \colon [a, b] \to \mathbb{R}$ stetig und $f(x) \geq 0$ für alle $x \in [a, b]$.

■ Die Punktmenge $\{P(x|y) \,|\, a \leq x \leq b \text{ und } 0 \leq y \leq f(x)\}$ heißt das *krummlinige Trapez* mit der Randfunktion f über dem Intervall $[a, b]$.

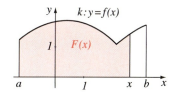

■ Zu jedem $x \in [a, b]$ gibt es ein *krummliniges Trapez* mit der Randfunktion f über $[a, x]$.
Dieses hat den Flächeninhalt $F(x) = \int\limits_a^x f(t) \, dt$.

Hauptsatz der Integralrechnung

■ Die *Integralfunktion* $J \colon x \mapsto J(x) = \int\limits_a^x f(t) \, dt$ ist differenzierbar und es ist $J'(x) = f(x)$ für alle $x \in \,]a, b[$.

■ Ist G irgendeine Stammfunktion von f (also $G' = f$), so gilt:

$$F(b) = \int\limits_a^b f(t) \, dt = \int\limits_a^b f(x) \, dx = \left[G(x)\right]_a^b = G(x)\big|_{x=a}^{x=b} = G(x)\big|_a^b = G(b) - G(a).$$

Flächeninhalte zwischen einem Graphen und der x-Achse

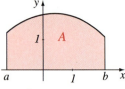 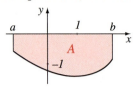 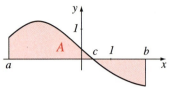

$$A = \int_a^b f(x)\,dx$$

$$A = \left| \int_a^b f(x)\,dx \right| = - \int_a^b f(x)\,dx$$

$$A = \int_a^c f(x)\,dx + \left| \int_c^b f(x)\,dx \right|$$

Flächeninhalt zwischen zwei Graphen

Ist nur $f(x) \geq g(x)$ für alle $x \in [a,b]$

erfüllt, so ist $A = \int_a^b (f(x) - g(x))\,dx$

(gleichgültig, ob die Graphen von f oder von g
die Achse im Intervall $[a,b]$ schneiden oder nicht).

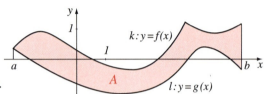

Eigenschaften des bestimmten Integrals

$\int_a^b f(x)\,dx$ heißt ein *bestimmtes Integral*.

■ **Linearität**

$$\int_a^b (rf(x) + sg(x))\,dx = r\int_a^b f(x)\,dx + s\int_a^b g(x)\,dx.$$

■ **Monotonie**

Ist $f(x) \leq g(x)$ für alle $x \in [a,b]$, so ist

$$\int_a^b f(x)\,dx \leq \int_a^b g(x)\,dx.$$

■ **Mittelwertsatz der Integralrechnung**

Ist f auf $[a,b]$ stetig, so gibt es ein $c \in \mathbb{R}$ mit

$$a \leq c \leq b \text{ und } \int_a^b f(x)\,dx = (b-a)f(c).$$

■ **Änderung der Integrationsgrenzen**

$$\int_a^b f(x)\,dx = -\int_b^a f(x)\,dx;$$

$$\int_a^b f(x)\,dx = \int_a^c f(x)\,dx + \int_c^b f(x)\,dx.$$

■ **Integration durch Substitution**

$$\int_a^b f[g(x)]g'(x)\,dx = \int_{g(a)}^{g(b)} f(u)\,du \text{ mit } u = g(x);$$

$$g'(x) = \frac{du}{dx}.$$

■ **Abschätzung**

Ist $m \leq f(x) \leq M$ für alle $x \in [a,b]$, so ist

$$m \cdot (b-a) \leq \int_a^b f(x)\,dx \leq M \cdot (b-a).$$

Bogenlängen, Drehkörpervolumen, Mantelflächen

Bogenlänge: Das Kurvenstück k: $y = f(x)$ für $a \leq x \leq b$ hat die Länge (Bogenlänge)

$$s = \int_a^b \sqrt{(1 + (f'(x))^2)}\,dx = \int_a^b \sqrt{1 + y'^2}\,dx.$$

Rotation eines krummlinigen Trapezes um die y-Achse

Rotiert das krummlinige Trapez zwischen k und der x-Achse um die
y-Achse, so hat der dadurch erzeugte Rotationskörper das Volumen

$$V = 2\pi \int_a^b x \cdot f(x)\,dx.$$

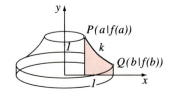

Rotation eines Kurvenstückes um die y-Achse

■ Ist $f: x \mapsto y = f(x)$ auf $[a, b]$ stetig und streng monoton, so gibt es die Umkehrfunktion $g: y \mapsto x = g(y)$.

g ist stetig. Es sei $g(y) \geq 0$ für alle y. Die Funktion f und g haben den gleichen Graphen $k: y = f(x)$ bzw. $k: x = g(y)$. Wir bezeichnen $f(a) = c$, $f(b) = d$.

■ Das Flächenstück zwischen k und der y-Achse hat den *Flächeninhalt*

$$A_y = \left| \int_c^d x\, dy \right| = \left| \int_c^d g(y)\, dy \right|.$$

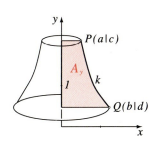

■ Rotiert k um die y-Achse, so hat der erzeugte Rotationskörper das *Volumen* (den *Rauminhalt*)

$$V_y = \left| \pi \int_c^d x^2 dy \right| = \left| \pi \int_c^d (g(y))^2 dy \right| = \left| \pi \int_a^b x^2 f'(x)\, dx \right|$$

und die *Mantelfläche*

$$M_y = \left| 2\pi \int_c^d g(y) \sqrt{1 + (g'(y))^2}\, dy \right|.$$

Rotation eines Kurvenstückes um die x-Achse

Ist f stetig und $f(x) \geq 0$ für alle $x \in [a, b]$ und rotiert $k: y = f(x)$ mit $a \leq x \leq b$ um die x-Achse, so hat der erzeugte Drehkörper das *Volumen* (den *Rauminhalt*)

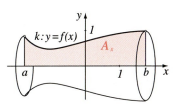

$$V_x = \pi \int_a^b y^2 dx = \pi \int_a^b (f(x))^2 dx$$

und die *Mantelfläche*

$$M_x = 2\pi \int_a^b y \sqrt{1 + y'^2}\, dx = 2\pi \int_a^b f(x) \sqrt{1 + [f'(x)]^2}\, dx$$

Numerische Integration

$\int_a^b f(x)\, dx$ kann näherungsweise berechnet werden: Das Intervall $[a, b]$ wird durch $2n + 1$ Teilpunkte in $2n$ gleich lange Teilintervalle der Länge $h = \dfrac{b - a}{2n}$ zerlegt.

Teilpunkte: $x_0 = a$, $x_1 = a + h$, $x_2 = a + 2h$, …, $x_{2n} = b$.

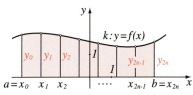

Sehnenformel (Trapezregel)

$$\int_a^b f(x)\, dx \approx h \left(\frac{1}{2} y_0 + y_1 + \ldots + y_{2n-1} + \frac{1}{2} y_{2n} \right)$$

Tangentenformel

$$\int_a^b f(x)\, dx \approx 2h (y_1 + y_3 + \ldots + y_{2n-1})$$

Keplersche Fassregel

$$\int_a^b f(x)\, dx \approx \frac{b - a}{6} \left[f(a) + 4f \left(\frac{a + b}{2} \right) + f(b) \right]$$

Simpsonsche Formel

$$\int_a^b f(x)\, dx \approx \frac{h}{3} \left[y_0 + y_{2n} + 2(y_2 + y_4 + \ldots + y_{2n-2}) + 4(y_1 + y_3 + \ldots + y_{2n-1}) \right] \text{ mit } y_k = f(x_k)$$

■ Differenzialgleichungen

(Gewöhnliche) Differenzialgleichungen sind Bestimmungsgleichungen für Funktionen (einer unabhängigen Variablen), die mindestens eine Ableitung der unbekannten Funktionen enthalten. Die *Ordnung* der Differenzialgleichung ist der Grad der höchsten auftretenden Ableitung. Unter der Lösung einer Differenzialgleichung versteht man die Menge aller Funktionen, die mit ihren Ableitungen die Differenzialgleichung identisch erfüllen. Die Lösung einer Differenzialgleichung *n*-ter Ordnung ist eine Menge von Funktionen, welche *n* frei wählbare *Parameter* (Integrationskonstanten) enthält.

■ Differenzialgleichung

$f'(x) = y' = a;\ a = \text{const.}$

$f''(x) = y'' = a;\ a = \text{const.}$

$y'' - a^2 y = 0$

■ Allgemeine Lösung

$f(x) = y = ax + c$ mit $c \in \mathbb{R}$ (*c* Parameter)

$f(x) = y = \dfrac{1}{2} ax^2 + cx + d$ mit $c, d \in \mathbb{R}$

$y = c_1 e^{ax} + c_2 e^{-ax}$ mit $c_1 \in \mathbb{R}, c_2 \in \mathbb{R}$

––––––––––––––––––––––––– **Wachstumsgleichungen** –––––––––––––––––––––––––

y beschreibt den Zustand eines Systems; y' heißt auch *momentane Änderungsrate*.

Vorgang	Differenzialgleichung	Allgemeine Lösung	
Exponentielles Wachstum	$y' = ay,\ a = \text{const.}$	$y = c e^{ax}$	mit $c \in \mathbb{R}$
Radioaktiver Zerfall	$\dot{N}(t) = -\lambda N(t),\ \lambda = \text{const.}$	$N(t) = N_0 e^{-\lambda t}$	mit $N_0 \in \mathbb{R}$
Hyperbolisches Wachstum	$y' = ky^2,\ k = \text{const.},\ k > 0$	$y = \dfrac{c}{1 - ckx}$	mit $c \in \mathbb{R}$
Begrenztes Wachstum	$y' = a(b - y),\ a, b = \text{const.}$	$y = c e^{-ax} + b$	mit $c \in \mathbb{R}$
Logistisches Wachstum	$y' = by\left(\dfrac{a}{b} - y\right),\ a, b = \text{const.},\ b > 0$	$y = \dfrac{ca}{cb + (a - cb)e^{-ax}}$	mit $c \in \mathbb{R}$
Allometrisches Wachstum	$y' = \dfrac{b}{x} y,\ x > 0,\ b = \text{const.}$	$y = cx^b$	mit $c \in \mathbb{R}$

––––––––––––– **Schwingungsgleichungen** $y = y(t)$, $\dot{y} = \dfrac{dy}{dt}$, $\ddot{y} = \dfrac{d\dot{y}}{dt}$ –––––––––––––

Vorgang	Differenzialgleichung	Allgemeine Lösung
Harmonische Schwingung	$\ddot{y} + \omega_0^2 y = 0;\ \omega_0 = \text{const.}$	$y = c_1 \sin \omega_0 t + c_2 \cos \omega_0 t$ mit $c_1 \in \mathbb{R}, c_2 \in \mathbb{R}$ $= a \sin(\omega_0 t + b)$ mit $a \in \mathbb{R}, b \in \mathbb{R}$
Gedämpfte Schwingung	$\ddot{y} + 2\varkappa\dot{y} + \omega_0^2 y = 0;\ \varkappa = \text{const.},$ $\omega_0 = \text{const.}$	

Hier müssen drei Fälle unterschieden werden:

■ gedämpfte
   harmonische Schwingung,   wenn $\varkappa^2 < \omega_0^2$: $y = a e^{-\varkappa t} \sin(\omega t + b)$ mit $a, b \in \mathbb{R}$; $\omega = \sqrt{\omega_0^2 - \varkappa^2}$.

■ aperiodischer Grenzfall,   wenn $\varkappa^2 = \omega_0^2$: $y = e^{-\varkappa t}(c_1 + c_2 t)$ mit $c_1 \in \mathbb{R}, c_2 \in \mathbb{R}$.

■ aperiodische Kriechbewegung, wenn $\varkappa^2 > \omega_0^2$: $y = c_1 e^{\lambda_1 t} + c_2 e^{\lambda_2 t}$ mit $c_1 \in \mathbb{R}, c_2 \in \mathbb{R}$ und
$$\lambda_{1,2} = -\varkappa \pm \sqrt{\varkappa^2 - \omega_0^2}.$$

■ Beschreibende (deskriptive) Statistik, Datenerhebung

Bei statistischen Erhebungen werden die interessierenden Objekte auf bestimmte Merkmale hin untersucht. Die Gesamtheit der Objekte mit den Ausprägungen der Merkmale heißt *Grundgesamtheit*. Alle möglichen Merkmalsausprägungen bilden eine *Skala*: eine *Nominalskala*, wenn die Merkmalsausprägungen nicht angeordnet werden können; eine *Ordinalskala*, wenn sie angeordnet werden können (mehr – weniger; besser – schlechter). *Quantitative* Merkmale besitzen als Merkmalsausprägungen reelle Zahlen; sind deren Größen und die Differenzen dieser Zahlen interpretierbar, dann liegt eine *metrische Skala* vor. Können die Merkmalsausprägungen nur endlich viele oder höchstens abzählbar unendlich viele Werte annehmen, dann liegt ein *diskretes* Merkmal vor; bei einem *stetigen* Merkmal ist der Wertebereich der Merkmalsausprägungen ein Intervall reeller Zahlen.

■ Bei einer Stichprobe (Beobachtungsreihe) vom Umfang n aus einer Grundgesamtheit mit den Merkmalsausprägungen $a_1, a_2, \ldots, a_p$ werden *Stichprobenwerte* $x_1, x_2, \ldots, x_n$ beobachtet. Die x_i kommen unter den a_j vor. Die *absolute Häufigkeit* n_j der Merkmalsausprägung a_j ist die Anzahl der Werte in der Stichprobe, die gleich dem Wert a_j sind; $h_j = \dfrac{n_j}{n}$ ist die zugehörige *relative Häufigkeit*. Ist $a_1 < a_2 < \ldots < a_p$, so heißen die $H_j = h_1 + h_2 + \ldots + h_j$ für $j = 1, 2, \ldots, p$ die *relativen Summenhäufigkeiten*.

■ Die Stichprobenwerte $x_1, x_2, \ldots, x_n$ können in r *Klassen* $k_1, k_2, \ldots, k_r$ der Breite Δx mit den Klassenmitten $m_1, m_2, \ldots, m_r$ eingeteilt werden.

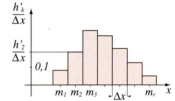

■ Die Klasse k_j enthält alle Werte x mit $m_j - \dfrac{\Delta x}{2} \leq x < m_j + \dfrac{\Delta x}{2}$.

Lagemaßzahlen von Stichproben

Der *Modalwert* ist der Meßwert, der am häufigsten vorkommt.

Mittelwert (arithmetisches Mittel) $\bar{x} := \dfrac{x_1 + x_2 + \ldots + x_n}{n} = \dfrac{1}{n} \sum\limits_{i=1}^{n} x_i = \dfrac{1}{n} \sum\limits_{j=1}^{p} n_j a_j = \sum\limits_{j=1}^{p} h_j a_j.$

Streuungsmaßzahlen von Stichproben

Spannweite: Intervall vom kleinsten bis zum größten Stichprobenwert.

(Empirische) Varianz s^2, (empirische) Standardabweichung $s \geq 0$:

$$s^2 := \frac{1}{n-1} \sum_{i=1}^{n} (x_i - \bar{x})^2 = \frac{1}{n-1} \sum_{j=1}^{p} n_j (a_j - \bar{x})^2 = \frac{n}{n-1} \sum_{j=1}^{p} h_j (a_j - \bar{x})^2.$$

Praktische Berechnung der (empirischen) Varianz einer Stichprobe:

$$s^2 = \frac{1}{n-1}\left[\sum_{i=1}^{n} x_i^2 - n\bar{x}^2 \right] = \frac{1}{n-1}\left[\sum_{i=1}^{n} x_i^2 - \frac{1}{n}\left(\sum_{i=1}^{n} x_i \right)^2 \right] = \frac{1}{n-1}\left[\sum_{j=1}^{p} n_j a_j^2 - \frac{1}{n}\left(\sum_{i=1}^{p} n_j a_j \right)^2 \right].$$

Mittelwert μ und Varianz σ^2 bei Grundgesamtheiten

Liegt keine Stichprobe, sondern sogar die Grundgesamtheit vom Umfang N mit den Einzelwerten $x_1, x_2, \ldots, x_N$ vor, so werden der *Mittelwert* μ und die *Standardabweichung* σ mit griechischen Buchstaben bezeichnet und die Varianz σ^2 sowie die Standardabweichung σ auch anders definiert:

$$\mu := \frac{1}{N} \sum_{i=1}^{N} x_i; \quad \sigma^2 := \frac{1}{N} \sum_{i=1}^{N} (x_i - \mu)^2 = \frac{1}{N} \sum_{i=1}^{N} x_i^2 - \mu^2; \quad \text{es ist } \sigma \geq 0.$$

■ Wahrscheinlichkeitsrechnung

──────────────────────── **Ergebnis, Ereignis** ────────────────────────

Es liege nun ein Zufallsexperiment mit der endlichen *Ergebnismenge* (Menge der Ausfälle) $S = \{a_1, a_2, \ldots, a_n\}$ vor. Jedes Element $a_i \in S$ heißt ein *Ergebnis* (Ausfall, Resultat, Ausgang) des Zufallsexperimentes. Jede Teilmenge A von S heißt ein *Ereignis* in S. Die einelementigen Teilmengen $\{a_j\}$ von S heißen *Elementarereignisse*. Ergibt sich bei der Durchführung eines Zufallsexperimentes ein Ergebnis $a_k \in A$ mit $A \subseteq S$, dann ist das Ereignis A eingetreten (eingetroffen, realisiert).
Die Potenzmenge $\mathscr{P}(S)$, die Menge aller Teilmengen von S, heißt *Ereignismenge*.

Einige Interpretationen:

$\emptyset$	ist das in S nicht realisierbare Ereignis (das unmögliche Ereignis, welches nie eintrifft).
S	heißt sicheres Ereignis (das Ereignis, welches stets eintrifft).
$A \subseteq B$	bedeutet, dass B sicher dann eintrifft, wenn A eintrifft (dass das Ereignis A das Ereignis B nach sich zieht).
$A \cup B$,	das Ereignis „A oder B" (mit einschließendem oder). Dieses Ereignis trifft genau dann ein, wenn mindestens eines der Ereignisse A oder B eintrifft.
$A \cap B$,	das Ereignis „A und B". Dieses Ereignis trifft genau dann ein, wenn sowohl das Ereignis A als auch das Ereignis B eintrifft (wenn A und B realisiert sind).
$(A \cap \bar{B}) \cup (\bar{A} \cap B)$	das Ereignis „entweder A oder B" (mit ausschließendem oder). Dieses Ereignis tritt genau dann ein, wenn A oder B aber nicht beide eintreffen.
$\bar{A} = S \setminus A$	ist das *Gegenereignis von A*, das Ereignis „nicht A". Es trifft genau dann ein, wenn A nicht eintrifft.
$A \cap B = \emptyset$	bedeutet, dass A und B unvereinbar sind (unverträglich sind, disjunkt sind, sich ausschließen).

──────────── **Wahrscheinlichkeitsfunktion (Wahrscheinlichkeitsbewertung)** ────────────

Jede Abbildung $P: \mathscr{P}(S) \rightarrow [0; 1]$, die jedem Ereignis $A(A \subseteq S)$ eine reelle Zahl $P(A)$ mit $0 \leq P(A) \leq 1$ zuordnet, heißt *Wahrscheinlichkeitsfunktion* (Wahrscheinlichkeitsbewertung) von $\mathscr{P}(S)$, wenn folgende Forderungen erfüllt sind (Axiomensystem von Kolmogoroff):

1. $P(S) = 1$ (*Normierung*)
2. Ist $A \cap B = \emptyset$, so ist $P(A \cup B) = P(A) + P(B)$.   (*Additivität*)

($P(A)$ wird gelesen als „die Wahrscheinlichkeit des Ereignisses A" oder auch kurz „die Wahrscheinlichkeit von A".)

Eigenschaften der Wahrscheinlichkeitsfunktion (Wahrscheinlichkeitsbewertung)

$P(\bar{A}) = 1 - P(A)$ für jedes $A \in \mathscr{P}(S)$ (Wahrscheinlichkeit des Gegenereignisses $\bar{A}$ von A).
$P(\emptyset) = 0$ (Wahrscheinlichkeit des nicht realisierbaren Ereignisses $\emptyset$)
Ist $P(A) = 0$,   so kann man nicht auf $A = \emptyset$ schließen; A heißt (fast) unmöglich.

Ist $P(B) = 1$, so kann man nicht auf $B = S$ schließen; B heißt (fast) sicher.

Ist $A \subseteq B$, so ist $P(A) \le P(B)$.

Additionssatz für Wahrscheinlichkeiten

$P(A \cup B) = P(A) + P(B) - P(A \cap B)$ für alle A, B aus $\mathscr{P}(S)$.

Unvereinbar – vereinbar

A und B sind unvereinbar: $A \cap B = \emptyset$. Nur dann ist $P(A \cup B) = P(A) + P(B)$ (Summenregel).

A und B sind vereinbar: $A \cap B \ne \emptyset$. Stets ist $P(A \cup B) = P(A) + P(B) - P(A \cap B)$.

Bedingte Wahrscheinlichkeit

$$P(B \mid A) = \frac{P(A \cap B)}{P(A)} \quad \text{für } P(A) \ne 0.$$

(Gelesen: Wahrscheinlichkeit von B unter der Bedingung A; Wahrscheinlichkeit von B unter der Voraussetzung, dass A eintrifft; durch A *bedingte* Wahrscheinlichkeit von B; kurz: „P von B unter A".)

Anmerkung: Man findet auch die Schreibweise $P(B \mid A) = P_A(B)$.

Die durch A mit $P(A) \ne 0$ bedingte Wahrscheinlichkeit ist eine Wahrscheinlichkeitsverteilung auf $\mathscr{P}(S)$:

$0 \le P(B \mid A) \le 1$ für alle $B \in \mathscr{P}(S)$; $\quad P(\emptyset \mid A) = 0, \quad P(S \mid A) = 1$;

ist $B \cap C = \emptyset$, so gilt $P(B \cup C \mid A) = P(B \mid A) + P(C \mid A)$.

$P(\bar{B} \mid A) = 1 - P(B \mid A)$ \hfill (Wahrscheinlichkeit des Gegenereignisses)

Multiplikationssatz für Wahrscheinlichkeiten

$P(A \cap B) = P(A) \cdot P(B \mid A) = P(B) \cdot P(A \mid B)$ für $P(A) \ne 0$, $P(B) \ne 0$,

$P(A \cap B \cap C) = P(A) \cdot P(B \mid A) \cdot P(C \mid A \cap B)$ für $P(A \cap B) \ne 0$.

Totale Wahrscheinlichkeit

■ Bilden die $B_1, B_2, \ldots, B_m$ eine *Zerlegung von S* ($B_1 \cup B_2 \cup \ldots \cup B_m = S$ und $B_i \cap B_j = \emptyset$ für $i \ne j$ (paarweise unvereinbar)) und ist $P(B_i) \ne 0$ für alle B_i, so gilt für jedes beliebige Ereignis $A \in \mathscr{P}(S)$:

$P(A) = P(B_1) \cdot P(A \mid B_1) + P(B_2) \cdot P(A \mid B_2) + \ldots + P(B_m) \cdot P(A \mid B_m)$.

■ Insbesondere ist $B \cup \bar{B} = S$ und $B \cap \bar{B} = \emptyset$. Für jedes $A \in \mathscr{P}(S)$ ist $A = (A \cap B) \cup (A \cap \bar{B})$.

Da $A \cap B$ und $A \cap \bar{B}$ unvereinbar sind, ist:

$P(A) = P(A \cap B) + P(A \cap \bar{B}) = P(B) \cdot P(A \mid B) + P(\bar{B}) \cdot P(A \mid \bar{B})$

für $P(B) \ne 0$, $P(\bar{B}) \ne 0$.

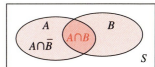

Formel von Bayes

■ Unter den obigen Voraussetzungen gilt, wenn $P(A) \ne 0$ ist:

$$P(B_k \mid A) = \frac{P(B_k) \cdot P(A \mid B_k)}{P(A)} = \frac{P(B_k) \cdot P(A \mid B_k)}{P(B_1) \cdot P(A \mid B_1) + P(B_2) \cdot P(A \mid B_2) + \ldots + P(B_m) \cdot P(A \mid B_m)}.$$

■ Wegen $B \cup \bar{B} = S$ und $B \cap \bar{B} = \emptyset$ gilt im Falle $P(A) \ne 0$ für jedes beliebige Ereignis $B \in \mathscr{P}(S)$:

$$P(B \mid A) = \frac{P(B) \cdot P(A \mid B)}{P(A)} = \frac{P(B) \cdot P(A \mid B)}{P(B) \cdot P(A \mid B) + P(\bar{B}) \cdot P(A \mid \bar{B})} = P(B) \cdot \frac{P(A \mid B)}{P(A)}.$$

(Die Formel von Bayes zeigt, wie sich die „a priori Wahrscheinlichkeit $P(B)$" dadurch zur „a posteriori – Wahrscheinlichkeit $P(B \mid A)$" verändert, dass man schon weiß, dass A eingetroffen ist.)

Unabhängige Ereignisse

- Zwei Ereignisse A und B heißen dann und nur dann (stochastisch) unabhängig, wenn $P(A \cap B) = P(A) \cdot P(B)$ erfüllt ist.
- Für unabhängige Ereignisse A und B mit $P(A) \neq 0$ und $P(B) \neq 0$ ist $P(B|A) = P(B)$ und $P(A|B) = P(A)$.
- Sind A und B unabhängig, so sind auch A und $\bar{B}$, $\bar{A}$ und B sowie $\bar{A}$ und $\bar{B}$ jeweils unabhängig.
- A und B heißen dann und nur dann *abhängig*, wenn $P(A \cap B) \neq P(A) \cdot P(B)$ erfüllt ist.

Laplace-Experimente

Zufallsexperimente mit endlicher Ergebnismenge, bei denen jedes Elementarereignis gleichwahrscheinlich ist, heißen Laplace-Experimente. Sind bei einem Laplace-Experiment insgesamt m Elementarereignisse möglich und besteht ein Ereignis A darin, dass irgendeines von g (für A günstigen) dieser Elementarereignisse auftritt, so ist $P(A) = \dfrac{g}{m} = \dfrac{\text{Anzahl der für } A \text{ günstigen Fälle}}{\text{Anzahl der möglichen Fälle}}$.

Kombinatorik

Fakultät: $n! := n(n-1)(n-2) \ldots 3 \cdot 2 \cdot 1$; $0! := 1$, $1! := 1$, $n! := n(n-1)!$ für $n \in \mathbb{N}^*$.

Stirlingsche Formel: $n! = \left(\dfrac{n}{e}\right)^n \sqrt{2\pi n}\left(1 + \dfrac{1}{12n} + \dfrac{1}{288n^2} - \dfrac{139}{51850n^3} - \ldots\right)$; $n! \approx \sqrt{2\pi n}\left(\dfrac{n}{e}\right)^n$ für große n.

Binomialkoeffizienten (gelesen: „n über k")

$$\binom{n}{k} := \frac{n(n-1)(n-2)\cdots(n-k+1)}{1 \cdot 2 \cdot 3 \cdots k} \text{ für } 0 < k \leq n; \quad \binom{n}{n} := 1, \quad \binom{n}{0} := 1, \quad \binom{0}{0} := 1, \quad \binom{n}{k} := 0 \text{ für } n < k.$$

Eigenschaften der Binomialkoeffizienten

$$\binom{n}{k} = \frac{n!}{k!(n-k)!} = \binom{n}{n-k} = \frac{n}{k}\binom{n-1}{k-1} = \frac{n}{n-k}\binom{n-1}{k} = \binom{n-1}{k-1} + \binom{n-1}{k}$$

$$\binom{n}{n} + \binom{n+1}{n} + \ldots + \binom{n+k}{n} = \binom{n+k+1}{n+1}; \quad \binom{n}{0} + \binom{n}{1} + \binom{n}{2} + \ldots + \binom{n}{n-1} + \binom{n}{n} = 2^n$$

Binomialsatz: Für alle $a, b \in \mathbb{R}$, $n \in \mathbb{N}^*$ gilt:

$$(a+b)^n = \binom{n}{0}a^n + \binom{n}{1}a^{n-1}b + \binom{n}{2}a^{n-2}b^2 + \ldots + \binom{n}{n-1}ab^{n-1} + \binom{n}{n}b^n.$$

Multiplikationsregel:

- Es seien $A_1, A_2, \ldots, A_k$ Mengen mit $n_1, n_2, \ldots, n_k$ Elementen. Dann besitzt das kartesische Produkt $A_1 \times A_2 \times \ldots \times A_k$ genau $n_1 \cdot n_2 \cdot \ldots \cdot n_k$ Elemente.
- Ein Experiment bestehe aus k Teilexperimenten, die unabhängig voneinander ausgeführt werden können. Hat das erste Teilexperiment n_1 mögliche Ausgänge, das zweite n_2 mögliche Ausgänge, …, das k-te n_k mögliche Ausgänge, so hat das Gesamtexperiment $n_1 \cdot n_2 \cdot \ldots \cdot n_k$ mögliche Ausgänge.

Divisionsregel

Zerfällt die Menge M von m Elementen in paarweise disjunkte Klassen (elementfremde Teilmengen) von jeweils n Elementen, so ist die Anzahl der Klassen $\dfrac{m}{n}$.

Zugrunde liegt $A = \{a_1, a_2, \ldots, a_n\}$ mit n (nummerierten) Elementen, $n \in \mathbb{N}$.

Permutationen ohne Wiederholung

- Anzahl der n-Tupel mit lauter verschiedenen a_i aus A;
- Anzahl der Möglichkeiten, eine geordnete Stichprobe (mit Beachtung der Reihenfolge) von n Kugeln aus einer Urne mit n Kugeln ohne Zurücklegen zu ziehen;
- Anzahl der bijektiven Abbildungen der Menge A auf sich.

$$P(n) = n! = n \cdot (n-1) \cdot (n-2) \cdot \ldots \cdot 3 \cdot 2 \cdot 1$$

Permutationen mit Wiederholung

- Anzahl der k-Tupel, in denen a_i aus A genau k_i mal vorkommt und $k_1 + k_2 + \ldots + k_n = k$ gilt;
- Anzahl der k-stelligen Sequenzen mit k_i Zeichen der i-ten Sorte.

$$\bar{P}_k(n) = \frac{k!}{k_1! \cdot k_2! \cdot \ldots \cdot k_n!} \quad \text{mit } k_1 + k_2 + \cdots + k_n = k.$$

Variationen ohne Wiederholung (k-Permutationen ohne Wiederholung)

- Anzahl der k-Tupel ($k \leq n$) mit lauter verschiedenen Elementen a_i der n-elementigen Menge A;
- Anzahl der Möglichkeiten, eine geordnete Stichprobe von k Kugeln aus einer Urne mit n Kugeln ohne Zurücklegen zu ziehen.

$$V_k(n) = n \cdot (n-1) \cdot (n-2) \cdot \ldots \cdot (n-k+1) = \frac{n!}{(n-k)!} = \binom{n}{k} k! \quad \text{für } k \leq n.$$

Variationen mit Wiederholung (k-Permutationen mit Wiederholung)

- Anzahl der k-Tupel von Elementen a_i der n-elementigen Menge A, wobei Elemente a_i mehrfach vorkommen dürfen.
- Anzahl der Möglichkeiten, eine geordnete Stichprobe von k Kugeln aus einer Urne mit n (unterscheidbaren) Kugeln mit Zurücklegen zu ziehen.

$$\bar{V}_k(n) = n^k$$

k-Kombinationen ohne Wiederholung

- Anzahl der Möglichkeiten, aus einer Urne mit n unterscheidbaren Kugeln k Kugeln ohne Zurücklegen und ohne Beachtung der Reihenfolge zu ziehen ($k \leq n$), (die k Kugeln können gleichzeitig gezogen werden; sie können „mit einem Griff" gezogen werden);
- Anzahl der k-elementigen Teilmengen einer n-elementigen Menge.

$$K_k(n) = \binom{n}{k} = \frac{n \cdot (n-1) \cdot (n-2) \cdot \ldots \cdot (n-k+1)}{1 \cdot 2 \cdot 3 \cdot \ldots \cdot (k-1) \cdot k} = \frac{n!}{k! \cdot (n-k)!} = \binom{n}{n-k} \quad \text{für } k \leq n.$$

k-Kombinationen mit Wiederholung

- Anzahl der Möglichkeiten, aus einer Urne mit n unterscheidbaren Kugeln k Kugeln mit Zurücklegen und ohne Beachtung der Reihenfolge (ungeordnete Stichprobe) zu ziehen (wobei $k > n$ möglich ist);
- Anzahl der Möglichkeiten, k gleiche (nicht unterscheidbare) Kugeln auf n unterscheidbare Urnen aufzuteilen, wobei jede Urne beliebig viele Kugeln erhalten kann und $k > n$ möglich ist.

$$\bar{K}_k(n) = \binom{n+k-1}{k} = \binom{n+k-1}{n-1} = \frac{n \cdot (n+1) \cdot (n+2) \cdot \ldots \cdot (n+k-1)}{1 \cdot 2 \cdot 3 \cdot \ldots \cdot k} = \frac{(n+k-1)!}{k! \cdot (n-1)!}$$

■ Zufallsgrößen (Zufallsvariablen)

Diskrete Verteilung

Es liegt ein Zufallsexperiment mit der endlichen Ergebnismenge $S = \{a_1, a_2, \ldots, a_n\}$, der Ereignismenge $\mathscr{P}(S)$ und der Wahrscheinlichkeitsfunktion $P: \mathscr{P}(S) \to [0;1]$ vor.

- Jede Abbildung $X: S \to \mathbb{R}$ mit $a_i \to X(a_i) = x_j$ heißt eine (diskrete) *Zufallsgröße* (*Zufallsvariable*). Dabei ist $i \in \{1, 2, \ldots, n\}$ und $j \in \{1, 2, \ldots, m\}$ mit $m \leq n$. Der Funktionswert x_j heißt *Merkmalswert* des Ergebnisses a_i.

- Zufallsgrößen werden mit großen Buchstaben $X, Y, \ldots$, die Funktionswerte mit entsprechenden kleinen Buchstaben $x, y, \ldots$ bezeichnet. $X = x$ bezeichnet die Menge $\{a_k \,|\, X(a_k) = x\}$.

Wahrscheinlichkeitsfunktion der Zufallsgröße X

$f: \mathbb{R} \to [0;1]$ mit $x_j \mapsto f(x_j) = P(X = x_j)$
Der Funktionswert $f(x) = P(X = x)$ gibt die Wahrscheinlichkeit dafür an, dass X den Wert x annimmt.
Es ist $f(x_j) \geq 0$ für alle x_j und $f(x_1) + f(x_2) + \ldots + f(x_m) = 1$.

- **Verteilungsfunktion** $F: \mathbb{R} \to [0;1]$

$$F(x) = P(X \leq x) = \sum_{x_s \leq x} f(x_s)$$

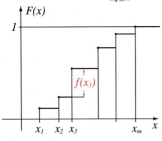

- $P(X = x_j) = f(x_j) = F(x_j) - F(x_{j-1})$
  x_δ heißt δ-*Quantil*, wenn $F(x_\delta) = \delta$;
  $x_m = x_{0,5}$ heißt *Median*, wenn $F(x_m) = 0{,}5$.

- **Erwartungswert** $E(X) = \mu$

$$E(X) = x_1 P(X = x_1) + x_2 P(X = x_2) + \ldots$$
$$+ x_m P(X = x_m) = \sum_{j=1}^{m} x_j \cdot P(X = x_j)$$
$$= \sum_{j=1}^{m} x_j \cdot f(x_j)$$

- **Varianz** $V(X) = \sigma^2$, **Standardabweichung** $\sigma \geq 0$

$$V(X) = (x_1 - \mu)^2 P(X = x_1) + \ldots$$
$$+ (x_m - \mu)^2 P(X = x_m)$$
$$= E[(X - \mu)^2]$$

Verschiebungssatz

$$V(X) = E(X^2) - [E(X)]^2 = \sum_{j=1}^{m} x_j^2 \cdot f(x_j) - \mu^2$$

Stetige Verteilung

Ist die Ergebnismenge nicht endlich, so kann die Menge der möglichen Werte einer Zufallsgröße die Menge $\mathbb{R}$ oder ein Intervall reeller Zahlen sein; dann handelt es sich um eine stetige Zufallsgröße.

Dichtefunktion $f: \mathbb{R} \to \mathbb{R}$

f ist (bis auf höchstens endlich viele Stellen) stetig.

Es ist $f(x) \geq 0$ für alle $x \in \mathbb{R}$ und $\displaystyle\int_{-\infty}^{+\infty} f(x)\,dx = 1$.

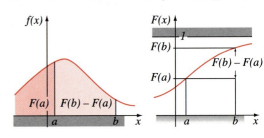

Verteilungsfunktion $F: \mathbb{R} \to [0;1]$

$$F(x) := \int_{-\infty}^{x} f(u)\,du := \lim_{z \to -\infty} \int_{z}^{x} f(u)\,du = P(X \leq x).$$

$f(x) = F'(x) \geq 0$ für alle $x \in \mathbb{R}$.

$$P(a \leq X \leq b) = P(a < X \leq b) = P(a \leq X < b) = P(a < X < b) = \int_{a}^{b} f(u)\,du = F(b) - F(a)$$

$$P(X = a) = \int_{a}^{a} f(u)\,du = 0$$

(Jede stetige Zufallsgröße X nimmt jeden festen Wert $a \in \mathbb{R}$ nur mit der Wahrscheinlichkeit 0 an.)

■ **Erwartungswert** $E(X) = \mu$

$$E(X) = \int_{-\infty}^{+\infty} x \cdot f(x)\,dx = \mu,$$

wobei f die Dichtefunktion von X ist.
(Nicht zu jeder Dichtefunktion f existiert ein μ.)

■ **Varianz** $V(X) = \sigma^2$, **Standardabweichung** $\sigma \geq 0$

$$V(X) = \int_{-\infty}^{+\infty} (x - \mu)^2 f(x)\,dx = E[(X - \mu)^2]$$

Verschiebungssatz

$$V(X) = E(X^2) - [E(X)]^2 = \int_{-\infty}^{+\infty} x^2 f(x)\,dx - \mu^2$$

_____ **Lineare Transformation der Zufallsgröße (Zufallsvariablen) X** _____

Ist X eine Zufallsgröße mit der Menge der Werte $W_X = \{x_1, x_2, \ldots, x_m\}$, so wird durch $Y := aX + b$ mit $a, b \in \mathbb{R}$, $a \neq 0$ eine neue Zufallsgröße Y mit der Menge der Werte $W_Y = \{y_j | y_j = ax_j + b; x_j \in W_X\}$ definiert.

Erwartungswert: $E(aX + b) = aE(X) + b$ **Varianz:** $V(aX + b) = a^2 V(X)$

Eine Zufallsgröße Z heißt *standardisiert*, wenn sie *zentriert* ($E(Z) = 0$) und *normiert* ($V(Z) = 1$) ist.

Standardisieren einer Zufallsgröße X

Ist X eine Zufallsgröße mit dem Erwartungswert $E(X) = \mu$ und der Standardabweichung σ, so ist die Zufallsgröße $Z = \dfrac{X - \mu}{\sigma}$ standardisiert: $E(Z) = 0$ und $V(Z) = 1$.

_____ **Unabhängige Zufallsgrößen (Zufallsvariable), Summe von Zufallsgrößen (Zufallsvariablen)** _____

Zugrunde liegt ein Zufallsexperiment mit der endlichen Ergebnismenge $S = \{a_1, a_2, \ldots, a_n\}$ und der Wahrscheinlichkeitsfunktion P.

Es seien $X: S \to \mathbb{R}$ mit $a_i \mapsto X(a_i) = x_j$ ($j \in \{1, 2, \ldots, m\}$; $i \in \{1, 2, \ldots, n\}$; $m \leq n$)

und $Y: S \to \mathbb{R}$ mit $a_i \mapsto Y(a_i) = y_k$ ($k \in \{1, 2, \ldots, p\}$; $i \in \{1, 2, \ldots, n\}$; $p \leq n$) zwei Zufallsgrößen.

Jedem Ergebnis $a_i \in S$ wird so ein geordnetes Zahlenpaar (x_j, y_k) zugeordnet:

$P(X = x_j; Y = y_k) = P(\{a_i | a_i \in S \text{ und } X(a_i) = x_j \text{ und } Y(a_i) = y_k\})$.

■ Die Zufallsgrößen (Zufallsvariablen) X und Y heißen dann und nur dann (stochastisch) **unabhängig**, wenn für alle (x_j, y_k) gilt:

$P(X = x_j; Y = y_k) = P(X = x_j) \cdot P(Y = y_k)$.

Summen von Zufallsgrößen (Zufallsvariablen)

Unter der Summe $X + Y$ der beiden Zufallsgrößen X und Y versteht man die Abbildung $S \times S \to \mathbb{R}$ mit $(X + Y)[(a_i, a_l)] = X(a_i) + Y(a_l) = x_j + y_s$, wenn $X(a_i) = x_j$ und $Y(a_l) = y_s$.

■ Erwartungswert: $E(X + Y) = E(X) + E(Y)$ für alle Zufallsgrößen X, Y.

■ Varianz: $V(X + Y) = V(X) + V(Y) + 2[E(X \cdot Y) - E(X)E(Y)]$ für alle Zufallsgrößen X, Y.
$V(X + Y) = V(X) + V(Y)$ nur für unabhängige Zufallsgrößen X, Y.

Erwartungswert und Varianz des arithmetischen Mittels

Sind $X_1, X_2, \ldots, X_n$ (stochastisch) unabhängige Zufallsgrößen (Zufallsvariablen), die alle die gleiche Verteilungsfunktion mit dem Erwartungswert μ und der Varianz σ^2 haben, so hat die Zufallsgröße

(Zufallsvariable) $\bar{X} = \dfrac{1}{n}(X_1 + X_2 + \ldots + X_n)$ den Erwartungswert $E(\bar{X}) = \mu$ und die Varianz

$V(\bar{X}) = \dfrac{1}{n^2} \cdot n\sigma^2 = \dfrac{\sigma^2}{n}$.

Wahrscheinlichkeitsrechnung und Statistik

Ungleichung von Tschebyscheff (Tschebyschow)

Hat die Zufallsgröße X irgendeine Verteilungsfunktion mit dem Erwartungswert μ und der Varianz σ^2, so gilt für jede vorgegebene positive reelle Zahl c:

$$P(|X - \mu| \geq c) \leq \frac{\sigma^2}{c^2}; \quad P(|X - \mu| \geq z\sigma) \leq \frac{1}{z^2};$$

$$P(|X - \mu| < c) \geq 1 - \frac{\sigma^2}{c^2}; \quad P(\mu - c < X < \mu + c) \geq 1 - \frac{\sigma^2}{c^2}; \quad P(|X - \mu| < z\sigma) \leq 1 - \frac{1}{z^2}.$$

Ungleichung von Tschebyscheff für Binomialverteilungen

Ist X eine Zufallsgröße, die mit n und p binomialverteilt ist, so gilt für die relative Häufigkeit $H = \dfrac{X}{n}$

für jedes $c > 0$: $P(|H - p| \geq c) \leq \dfrac{pq}{n \cdot c^2} \leq \dfrac{1}{4n \cdot c^2}$ und $P(|H - p| < c) \geq 1 - \dfrac{pq}{n \cdot c^2} \geq 1 - \dfrac{1}{4n \cdot c^2}$.

■ Spezielle Verteilungen

Diskrete Gleichverteilung der Zufallsgröße (Zufallsvariablen) X

Es gibt n verschiedene Stellen $x_1, x_2, \ldots, x_n \in \mathbb{R}$ mit

$P(X = x_i) = \dfrac{1}{n}$ für alle $i \in \{1, 2, \ldots, n\}$,

$P(X = x) = 0$ für alle $x \neq x_i$.

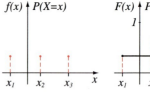 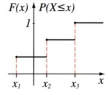

Beispielsweise lässt sich das Werfen eines idealen Würfels (Laplace-Würfels) mit Feststellung der Augenzahl durch eine solche Verteilung erfassen.

Im Sonderfall $x_1 = 1, x_2 = 2, \ldots, x_n = n$ ist $E(X) = \dfrac{n+1}{2}$, $V(X) = \dfrac{n^2 - 1}{12}$.

Hypergeometrische Verteilung

Einer Urne mit M weißen und $N - M$ schwarzen Kugeln werden ohne Zurücklegen (auf einmal) n Kugeln entnommen. Die Zufallsgröße X gibt die Anzahl k der gezogenen weißen Kugeln an.

Wahrscheinlichkeitsfunktion f_H

■ $k \mapsto P(X = k) := f_H(k; n, M, N) = H(k; n, M, N) = \dfrac{\dbinom{M}{k} \dbinom{N-M}{n-k}}{\dbinom{N}{n}}$ mit $0 \leq k \leq \min(n, N)$ und $n \leq N$.

■ Die Zufallsgröße (Zufallsvariable) X heißt hypergeometrisch verteilt mit dem Index n und den Parametern N und M.

■ Erwartungswert: $E(X) = n \cdot \dfrac{M}{N} = np$ mit $p = \dfrac{M}{N}$

   Varianz: $V(X) = npq \cdot \dfrac{N-n}{N-1}$ mit $p = \dfrac{M}{N}$ und $q = 1 - p$

Die hypergeometrische Verteilung wird für $N \gg n$ durch eine Binomialverteilung approximiert.

Urnenmodell für die Binomialverteilung

Einer Urne mit w weißen und $N - w$ schwarzen Kugeln werden nacheinander mit Zurücklegen n Kugeln entnommen. Die Zufallsgröße X gibt die Anzahl k der gezogenen weißen Kugeln an (Anzahl der Treffer).

Wahrscheinlichkeitsfunktion f_B

■ $f_B: k \mapsto P(X = k) := f_B(k; n, p) = B(k; n, p) = \binom{n}{k} p^k q^{n-k}$ mit $p = \dfrac{w}{N}$ und $q = 1 - p$
   für $k \in \{0, 1, \ldots, n\}$.

Verteilungsfunktion F_B

■ $F_B: k \mapsto P(X \le k) = F_B(k; n, p) = \displaystyle\sum_{i=0}^{k} f_B(i; n, p)$ für $k \in \{0, 1, \ldots, n\}$.

■ Erwartungswert: $E(X) = \mu = np$
 Varianz: $V(X) = \sigma^2 = npq$ mit $q = 1 - p$

Bernoulli-Experiment

■ Ein Zufallsexperiment heißt Bernoulli-Experiment, wenn nur interessiert, ob ein Ereignis A (Erfolg, Treffer) oder ob das Gegenereignis $\overline{A}$ (Misserfolg, Niete) eingetroffen ist:
 $P(A) = p$, $P(\overline{A}) = 1 - p = q$.

■ Bernoullikette vom Umfang (von der Länge) n
 Das obige Bernoulli-Experiment wird n-mal unabhängig hintereinander ausgeführt. Bezeichnet die Zufallsgröße (Zufallsvariable) X_i das Ergebnis des Experimentes bei der i-ten Durchführung (Misserfolg $x_i = 0$, Erfolg $x_i = 1$), so gibt die Zufallsgröße $X := X_1 + X_2 + \ldots + X_n$ an, wie oft Erfolg bei den n Experimenten eintritt. Die Zufallsgröße X beschreibt die Anzahl der Treffer.

■ X ist binomialverteilt mit dem Index n und dem Erfolgsparameter (der Trefferwahrscheinlichkeit) p:

 $P(X = k) = f_B(k; n, p) = B(k; n, p) = \binom{n}{k} p^k (1-p)^{n-k} = \binom{n}{k} p^k q^{n-k}$ mit $q = 1 - p$
                                                für $k \in \{0, 1, \ldots, n\}$.

■ Wahrscheinlichste Trefferanzahl k_0: $P(X = k_0) \ge P(X = k)$ für alle $k \ne k_0$.
 Ist $np - q$ nicht ganzzahlig, so gibt es ein einziges k_0, welches durch $np - q < k_0 < np + p$ bestimmt ist. Ist $np - q$ ganzzahlig, so nimmt f_B an den Stellen $k_1 = np - q$ und $k_2 = k_1 + 1 = np + p$ den gleichen maximalen Wert an.

Verteilungsfunktion der Binomialverteilung

$F_B: k \mapsto P(X \le k) = F_B(k; n, p) = \displaystyle\sum_{i=0}^{k} f_B(i; n, p)$.

Ermittlung von Wahrscheinlichkeiten:

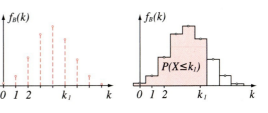

$P(X > k) = 1 - F_B(k; n, p)$
$P(k_1 < X \le k_2) = F_B(k_2; n, p) - F_B(k_1; n, p)$
$P(k_1 \le X \le k_2) = F_B(k_2; n, p) - F_B(k_1 - 1; n, p)$
$P(X = k) = f_B(k; n, p) = F_B(k; n, p) - F_B(k - 1; n, p)$

Rekursionsformel: $f_B(0; n, p) = q^n$, $f_B(k+1; n, p) = \dfrac{p(n-k)}{q(k+1)} f_B(k; n, p)$

Beziehungen zur Umrechnung: $f_B(k; n, p) = f_B(n - k; n, 1 - p)$; $F_B(k; n, p) = 1 - F_B(n - k - 1; n, 1 - p)$.
Werte für $F_B(k; n, p)$ sind auf den Seiten 84 bis 90 angegeben.

Approximation einer Binomialverteilung durch eine Normalverteilung

Eine Zufallsgröße X, die einer Binomialverteilung mit dem Index n und dem Erfolgsparameter p genügt, ist näherungsweise normalverteilt mit dem Erwartungswert $\mu = np$ und der Varianz $\sigma^2 = npq$. Die Näherung ist um so besser, je größer der Index n ist und je näher p beim Wert 0,5 liegt. *Faustregel:* Ist $npq \geq 9$, so ist gute Näherung durch eine Normalverteilung zu erwarten.

$$P(k_1 < X \leq k_2) = F_B(k_2; n, p) - F_B(k_1; n, p) \approx \Phi(\tilde{z}_2) - \Phi(\tilde{z}_1) \text{ mit } \tilde{z}_2 = \frac{k_2 - np}{\sigma}; \tilde{z}_1 = \frac{k_1 - np}{\sigma}; \sigma = \sqrt{npq}.$$

Der auftretende Approximationsfehler kann häufig dadurch verringert werden, dass eine **Kontinuitätskorrektur** (Stetigkeitskorrektur) vorgenommen wird.

$$P(k_1 < X \leq k_2) = F_B(k_2; n, p) - F_B(k_1; n, p) \approx \Phi(z_2) - \Phi(z_1)$$

$$\text{mit } z_2 = \frac{k_2 + 0,5 - np}{\sigma}, z_1 = \frac{k_1 + 0,5 - np}{\sigma}, \sigma = \sqrt{npq}.$$

$$P(k_1 \leq X \leq k_2) = F_B(k_2; n, p) - F_B(k_1 - 1; n, p) \approx \Phi(z_2) - \Phi(\bar{z}_1)$$

$$\text{mit } z_2 = \frac{k_2 + 0,5 - np}{\sigma}, \bar{z}_1 = \frac{k_1 - 0,5 - np}{\sigma}, \sigma = \sqrt{npq}.$$

$$P(X \leq k) \approx \Phi(z) \text{ mit } z = \frac{k + 0,5 - np}{\sigma}, \sigma = \sqrt{npq}; \quad P(X < k) \approx \Phi(\bar{z}) \text{ mit } \bar{z} = \frac{k - 0,5 - np}{\sigma}, \sigma = \sqrt{npq}.$$

Werte für Φ sind auf den Seiten 91 bis 95 angegeben.

Poissonverteilung

■ Eine diskrete Zufallsgröße (Zufallsvariable) X mit der Wahrscheinlichkeitsfunktion

$$k \mapsto P(X = k) := f_P(k; \lambda) = \frac{\lambda^k}{k!} e^{-\lambda} \quad \text{für } k \in \mathbb{N} \text{ und der Verteilungsfunktion}$$

$$F_P \text{ mit } k \mapsto F_P(k; \lambda) = \sum_{i=0}^{k} f_P(i; \lambda)$$

heißt Poisson-verteilt mit dem Parameter $\lambda > 0$.

■ Erwartungswert: $E(X) = \lambda$

■ Varianz: $V(X) = \lambda$

■ Rekursionsformeln: $f_P(0; \lambda) = e^{-\lambda}$

$$f_P(k + 1; \lambda) = f_P(k; \lambda) \frac{\lambda}{k+1}$$

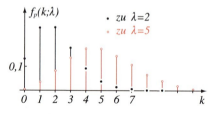

Approximation einer Binomialverteilung durch eine Poissonverteilung

Ist p sehr klein, n groß (Faustregel $p \leq 0,1$, $n \geq 30$), so ist eine Poissonverteilung eine gute Näherung für eine Binomialverteilung

$$f_B(k; n, p) \approx \frac{\lambda^k}{k!} e^{-\lambda} = f_P(k; \lambda) = F_P(k; \lambda) - F_P(k - 1; \lambda) \quad \text{mit } \lambda = np.$$

Verteilung seltener Ereignisse

Ein seltenes Ereignis soll sich im Laufe der Zeit unabhängig wiederholen können; in der Zeiteinheit soll es im Mittel λ-mal, in einer Zeitspanne der Länge t_0 im Mittel $m = \lambda t_0$-mal auftreten. Die Zufallsgröße X gibt die Anzahl des Eintretens in der Zeitspanne t_0 an. $P(X = k)$ sei nur von der Länge t_0 der Zeitspanne, nicht aber von ihrer Lage auf der Zeitachse abhängig.

Dann gilt näherungsweise $P(X = k) = \dfrac{m^k}{k!} e^{-m} = f_P(k; m).$

Normalverteilung

Eine stetige Zufallsgröße (Zufallsvariable) X heißt $N(\mu, \sigma^2)$-verteilt (normalverteilt mit den Parametern Erwartungswert μ und Varianz σ^2), wenn X die folgende Dichtefunktion f_N besitzt:

$$f_N: x \mapsto f_N(x; \mu, \sigma^2) := \frac{1}{\sigma\sqrt{2\pi}} \, e^{-\frac{1}{2}\left(\frac{x-\mu}{\sigma}\right)^2} \text{ für } x \in \mathbb{R}.$$

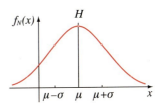

Der Graph von f_N hat an der Stelle $x_1 = \mu$ einen Hochpunkt H und an den Stellen $x_2 = \mu - \sigma$ und $x_3 = \mu + \sigma$ Wendepunkte. Die Parallele zur y-Achse durch H ist Symmetrieachse.

Standardisierte Normalverteilung

Werte für Φ sind auf den Seiten 91 bis 95 angegeben.

Ist X eine $N(\mu, \sigma^2)$-verteilte Zufallsgröße, so ist die standardisierte Zufallsgröße $Z = \dfrac{X - \mu}{\sigma}$ stets $N(0; 1)$-verteilt (normalverteilt mit dem Erwartungswert 0 und der Varianz 1).

■ *Dichtefunktion φ der standardisierten Zufallsgröße Z:*

$$\varphi: z \mapsto \varphi(z) = \frac{1}{\sqrt{2\pi}} \, e^{-0,5z^2} \text{ für } z \in \mathbb{R}.$$

■ *Verteilungsfunktion Φ der standardisierten Zufallsgröße Z:*

$$\Phi: z \mapsto \Phi(z) = P(Z \le z) = \int_{-\infty}^{z} \varphi(u)\,du \text{ für } z \in \mathbb{R}.$$

■ Eigenschaften:

$$\Phi(0) = 0,5; \quad \Phi(-z) = 1 - \Phi(z); \quad \Phi(z) - \Phi(-z) = 2\Phi(z) - 1.$$

Wahrscheinlichkeiten bei einer $N(\mu, \sigma^2)$-verteilten Zufallsgröße (Zufallsvariablen) X:

$$P(X \le x) = F_N(x; \mu, \sigma^2) = \Phi\left(\frac{x-\mu}{\sigma}\right); \quad P(X = x) = 0 \text{ für alle } x \in \mathbb{R}.$$

$$P(X \le a) = P(X < a) = F_N(a) = \Phi\left(\frac{a-\mu}{\sigma}\right); \; P(X \ge a) = P(X > a) = 1 - F_N(a) = 1 - \Phi\left(\frac{a-\mu}{\sigma}\right).$$

$$P(a \le X \le b) = P(a < X < b) = F_N(b) - F_N(a) = \Phi\left(\frac{b-\mu}{\sigma}\right) - \Phi\left(\frac{a-\mu}{\sigma}\right).$$

$$P(|X - \mu| \ge c) = 2\left[1 - \Phi\left(\frac{c}{\sigma}\right)\right] \text{ für } c \ge 0; \; P(|X - \mu| \le c) = 2\Phi\left(\frac{c}{\sigma}\right) - 1 \text{ für } c \ge 0.$$

$$P(\mu - z\sigma \le X \le \mu + z\sigma) = 2\Phi(z) - 1.$$

Speziell:
$$P(\mu - \sigma \le X \le \mu + \sigma) \approx 68,3\,\%, \quad P(\mu - 1,96\,\sigma \le X \le \mu + 1,96\,\sigma) \approx 0,950,$$
$$P(\mu - 2\sigma \le X \le \mu + 2\sigma) \approx 95,4\,\%, \quad P(\mu - 2,58\,\sigma \le X \le \mu + 2,58\,\sigma) \approx 0,990,$$
$$P(\mu - 3\sigma \le X \le \mu + 3\sigma) \approx 99,7\,\%, \quad P(\mu - 3,29\,\sigma \le X \le \mu + 3,29\,\sigma) \approx 0,999.$$

Additionssatz

Sind die (stochastisch) unabhängigen Zufallsgrößen $X_1, X_2, \ldots, X_n$ normalverteilt mit den Erwartungswerten $E(X_i) = \mu_i$ und den Varianzen $V(X_i) = \sigma_i^2$ $(i \in \{1, 2, \ldots, n\})$, so ist die Zufallsgröße $X = a_0 + a_1 X_1 + a_2 X_2 + \ldots + a_n X_n$ $(a_i \in \mathbb{R})$ normalverteilt mit dem Erwartungswert $E(X) = \mu = a_0 + a_1\mu_1 + \ldots + a_n\mu_n$ und der Varianz $V(X) = \sigma^2 = a_1^2\sigma_1^2 + a_2^2\sigma_2^2 + \ldots + a_n^2\sigma_n^2.$

Sind $X_1, X_2, \ldots, X_n$ (stochastisch) unabhängige (nicht notwendig normalverteilte) Zufallsgrößen mit den Erwartungswerten $E(X_i) = \mu_i$ und den Varianzen $V(X_i) = \sigma_i^2$ ($i \in \{1, 2, \ldots, n\}$), so ist unter sehr schwachen weiteren Bedingungen die Zufallsgröße $X = X_1 + X_2 + \ldots + X_n$ für große n näherungsweise normalverteilt mit dem Erwartungswert $E(X) = \mu = \mu_1 + \mu_2 + \ldots + \mu_n$ und der Varianz $V(X) = \sigma^2 = \sigma_1^2 + \sigma_2^2 + \ldots + \sigma_n^2$. Daher ist $P(X \leq x) \approx \Phi\left(\dfrac{x - \mu}{\sigma}\right)$.

■ Beurteilende Statistik

_____ Vertrauensintervall für den Erwartungswert _____

Es sei $x_1, x_2, \ldots, x_n$ eine Stichprobe aus einer normalverteilten Grundgesamtheit mit bekannter Varianz $V(X) = \sigma^2$ und unbekanntem Erwartungswert $E(X) = \mu$.

■ Der Erwartungswert μ wird durch das arithmetische Mittel $\bar{x} = \dfrac{1}{n}(x_1 + x_2 + \ldots + x_n)$ der Stichprobenwerte *geschätzt*.

■ Die Messwerte $x_1, x_2, \ldots, x_n$ können als Realisationen von n unabhängigen $N(\mu, \sigma^2)$-verteilten Zufallsgrößen X_i angesehen werden. Die Schätzgröße $\bar{X} = \dfrac{1}{n}(X_1 + X_2 + \ldots + X_n)$ ist normalverteilt mit dem Erwartungswert $E(\bar{X}) = \mu$ und der Varianz $V(\bar{X}) = \dfrac{\sigma^2}{n}$.

■ Zu vorgegebener *Sicherheitswahrscheinlichkeit* (Konfidenzzahl) $\gamma = 1 - \alpha$ heißt das Intervall $[\bar{x} - c, \bar{x} + c]$ *Vertrauensintervall* (Konfidenzintervall) für den Erwartungswert μ, wenn es den Wert μ mit der Wahrscheinlichkeit $1 - \alpha$ enthält.

■ Vertrauensintervall ist $\left[\bar{x} - \dfrac{\sigma}{\sqrt{n}}\bar{z}; \bar{x} + \dfrac{\sigma}{\sqrt{n}}\bar{z}\right]$, wenn $\Phi(\bar{z}) = 1 - \dfrac{1}{2}\alpha$ erfüllt ist. Das $\left(1 - \dfrac{1}{2}\alpha\right)$-Quantil $\bar{z}$ kann mithilfe der Tabelle auf den Seiten 90 bis 94 bestimmt werden.

_____ Testen von Hypothesen _____

Eine Stichprobe liefert Werte $x_1, x_2, \ldots, x_n$ aus einer Grundgesamtheit. Mit diesen Werten soll eine Hypothese über einen unbekannten Parameter der Grundgesamtheit geprüft werden.

Man möchte zwischen zwei sich gegenseitig ausschließenden Annahmen entscheiden:

■ **Nullhypothese H_0 gegen die Alternativhypothese (Alternative) H_1.**

Getestet wird, ob auf Grund der Stichprobenwerte die Nullhypothese H_0 verworfen werden muss.

■ Zunächst wird eine kleine Wahrscheinlichkeit α auf Grund praktischer Erwägungen (5 %, 2 %, 1 %, 0,1 %, ...) ausgewählt und fest vorgegeben, wobei α das *Signifikanzniveau* (die *Irrtumswahrscheinlichkeit*) und $1 - \alpha$ die *Sicherheitswahrscheinlichkeit* (*Annahmewahrscheinlichkeit*) heißen. Danach wird der *Verwerfungsbereich* (*Ablehnungsbereich*, *kritische Bereich*) so bestimmt, dass die Testgröße dann, wenn die Nullhypothese H_0 wahr ist, höchstens mit der Wahrscheinlichkeit α einen Wert aus dem Verwerfungsbereich annimmt.

■ **Entscheidungsregel:** Fällt der aus den Stichprobenwerten gewonnene Wert der Testgröße in den Verwerfungsbereich, so muss H_0 verworfen (abgelehnt) werden: „Die Abweichung der Beobachtung von der Nullhypothese ist auf dem Niveau α signifikant (statistisch gesichert)." Fällt der Wert der Testgröße nicht in den Verwerfungsbereich, so wird H_0 beibehalten: *„H_0 ist nicht widerlegt."*

■ **Fehler 1. Art:** H_0 wird verworfen (abgelehnt), obwohl H_0 wahr ist.
Fehler 2. Art: H_0 wird nicht verworfen (nicht abgelehnt), obwohl H_0 falsch ist.
Die Wahrscheinlichkeit für einen Fehler 2. Art heißt auch *Risiko 2. Art.*

------------------------ **Qualitätskontrolle (Binomialverteilung)** ------------------------

In einer Grundgesamtheit von N Objekten ist ein Objekt mit der unbekannten Wahrscheinlichkeit p defekt. Es wird eine Stichprobe vom Umfang n mit Zurücklegen genommen und dabei wird k-mal defekt festgestellt. Man denkt sich, dass sehr oft eine Stichprobe vom Umfang n genommen wird. Die Zufallsvariable K beschreibe die Anzahl der defekten Objekte. K ist binomialverteilt mit dem Index n und dem Parameter p.

Einseitiger Test (rechtsseitig)

■ Nullhypothese H_0: $p \leq p_0$. Alternativhypothese (Alternative) H_1: $p > p_0$.

■ Das Signifikanzniveau α wird fest vorgegeben und danach der Verwerfungsbereich $\{c, c+1, \ldots, n\}$ so bestimmt, dass

$$P_{p_0}(k \in \{c, c+1, \ldots, n\}) = \sum_{i=c}^{n} \binom{n}{i} p_0^i (1-p_0)^{n-i} = \sum_{i=c}^{n} f_B(i; n, p_0) = 1 - F_B(c-1; n, p_0) \leq \alpha \quad \text{ist.}$$

Dabei ist die kleinste natürliche Zahl c gesucht, die dieser Forderung genügt (Tabellen Seiten 84 bis 90).

■ *Entscheidungsregel:* Ist die Testgröße k ein Element von $\{0, 1, 2, \ldots, c-1\}$, so wird H_0 beibehalten; ist k ein Element des Verwerfungsbereichs $\{c, c+1, \ldots, n\}$, so wird H_0 abgelehnt und H_1 angenommen.

Gütefunktion g: $p \mapsto g(p) = P_p(k \in \{c, c+1, \ldots, n\})$. Der Funktionswert $g(p)$ gibt die Wahrscheinlichkeit dafür an, dass k in den Verwerfungsbereich fällt, falls ein Objekt mit der Wahrscheinlichkeit p defekt ist.

$$g(p) = \sum_{i=c}^{n} \binom{n}{i} p^i (1-p)^{n-i} = \sum_{i=c}^{n} f_B(i; n, p) = 1 - F_B(c-1; n, p); \quad g \text{ ist streng monoton steigend.}$$

■ Die Wahrscheinlichkeit für einen Fehler 1. Art ist höchstens

$\alpha = \max_{p \leq p_0} g(p) = g(p_0) = 1 - F_B(c-1; n, p_0)$.

■ Falls ein Objekt tatsächlich mit der Wahrscheinlichkeit p_1 mit $p_1 > p_0$ defekt ist, begeht man einen *Fehler 2. Art* mit der Wahrscheinlichkeit $\beta = 1 - g(p_1) = F_B(c-1; n, p_1)$.

Approximation durch eine Normalverteilung

Bei großem n (Faustregel: $np_0(1-p_0) \geq 9$) ist die Zufallsgröße $Z = \dfrac{K - np_0}{\sqrt{np_0(1-p_0)}}$ näherungsweise standardisiert normalverteilt. Z kann als Testgröße gewählt werden.

■ Verwerfungsbereich: $\{z \mid z > z_{1-\alpha}\}$, wobei das $(1-\alpha)$-Quantil $z_{1-\alpha}$ der standardisierten Normalverteilung durch $\Phi(z_{1-\alpha}) = 1 - \alpha$ festgelegt wird (Tabellen Seiten 91 bis 95).

Einseitiger Test (linksseitig)

- Nullhypothese H_0: $p \geq p_0$. Alternativhypothese (Alternative) H_1: $p < p_0$.
- Der Verwerfungsbereich $\{0, 1, \ldots, c\}$ wird mit einer möglichst großen natürlichen Zahl c so bestimmt, dass $P_{p_0}(k \in \{0, 1, \ldots, c\}) = \sum_{i=0}^{c} \binom{n}{i} p_0^i (1-p_0)^{n-i} = \sum_{i=0}^{c} f_B(i; n, p_0) = F_B(c; n, p_0) \leq \alpha$ ist.

Zweiseitiger Test

- Nullhypothese H_0: $p = p_0$. Alternativhypothese (Alternative) H_1: $p \neq p_0$.
- Verwerfungsbereich: $\{0, 1, \ldots, c_1\} \cup \{c_2, c_2 + 1, \ldots, n\}$.

  Zu vorgegebenem Signifikanzniveau α (vorgegebener Sicherheitswahrscheinlichkeit $1 - \alpha$) werden natürliche Zahlen c_1 möglichst groß und c_2 möglichst klein so bestimmt, dass folgende Forderungen erfüllt sind:

$$P(k \in \{0, 1, \ldots, c_1\})$$
$$= \sum_{i=0}^{c_1} \binom{n}{i} p_0^i (1-p_0)^{n-i} = F_B(c_1; n, p_0) \leq \frac{\alpha}{2} \quad \text{und}$$

$$P(k \in \{c_2, c_2 + 1, \ldots, n\})$$
$$= \sum_{i=c_2}^{n} \binom{n}{i} p_0^i (1-p_0)^{n-i} = 1 - F_B(c_2 - 1; n, p_0) \leq \frac{\alpha}{2}$$

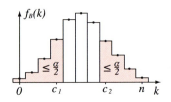

_____ **Signifikanztest für den Erwartungswert** _____

X sei eine Zufallsgröße mit der bekannten Varianz σ^2 und dem unbekannten Erwartungswert μ. Man nimmt eine Stichprobe $x_1, x_2, \ldots, x_n$ vom Umfang n und berechnet das arithmetische Mittel

$$\bar{x} = \frac{1}{n}(x_1 + x_2 + \ldots + x_n).$$

Ist X normalverteilt, so ist die Zufallsgröße $\bar{X} = \frac{1}{n}(X + X + \ldots + X)$ normalverteilt mit dem Erwartungswert $E(\bar{X}) = \mu$ und der Varianz $V(\bar{X}) = \frac{\sigma^2}{n}$. Die Testgröße $\frac{\bar{X} - \mu}{\sigma} \cdot \sqrt{n}$ ist standardisiert normalverteilt.

Ist X nicht normalverteilt, aber n genügend groß (Faustregel: $n \geq 100$), so wird die Verteilung von $\bar{X}$ durch eine Normalverteilung mit dem Erwartungswert μ und der Varianz $\frac{\sigma^2}{n}$ gut approximiert.

Test ist	H_0	H_1	Verwerfungsbereich	H_0 wird genau dann verworfen, wenn
linksseitig	$\mu \geq \mu_0$	$\mu < \mu_0$	$\left\{ \bar{x} \mid \frac{\bar{x} - \mu_0}{\sigma} \sqrt{n} < -z_{1-\alpha} \right\}$	$\bar{x} < \mu_0 - \frac{\sigma}{\sqrt{n}} z_{1-\alpha}$
rechtsseitig	$\mu \leq \mu_0$	$\mu > \mu_0$	$\left\{ \bar{x} \mid \frac{\bar{x} - \mu_0}{\sigma} \sqrt{n} > z_{1-\alpha} \right\}$	$\bar{x} > \mu_0 + \frac{\sigma}{\sqrt{n}} z_{1-\alpha}$
zweiseitig	$\mu = \mu_0$	$\mu \neq \mu_0$	$\left\{ \bar{x} \mid \left| \frac{\bar{x} - \mu_0}{\sigma} \sqrt{n} \right| > z_{1-0,5\alpha} \right\}$	$\bar{x} < \mu_0 - \frac{\sigma}{\sqrt{n}} z_{1-0,5\alpha}$ oder $\bar{x} < \mu_0 - \frac{\sigma}{\sqrt{n}} z_{1-0,5\alpha}$

Vorgegeben wird die Sicherheitswahrscheinlichkeit $1 - \alpha$ beziehungsweise das Signifikanzniveau α. Das $(1 - \alpha)$-Quantil $z_{1-\alpha}$ der standardisierten Normalverteilung ist durch $\Phi(z_{1-\alpha}) = 1 - \alpha$ festgelegt; analog gilt $\Phi(z_{1-0,5\alpha}) = 1 - 0,5\alpha$ (Tabellen Seiten 91 bis 95).

Gleichmäßig verteilte Zufallszahlen

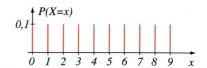

	0	1	2	3	4	5	6	7	8	9
0	62341	88226	99771	19848	61019	47717	74795	81171	34820	36764
1	68439	89552	95541	59901	61166	54970	53789	03597	36218	07258
2	34231	72094	58406	81441	00923	01017	22677	07247	08810	59144
3	72718	35923	01366	84177	28362	51867	94459	92287	65597	92214
4	96900	81090	37421	84447	48287	74958	82137	58553	19580	06613
5	91795	36955	68133	88001	91410	94696	98710	06162	83757	02411
6	41162	57928	64368	55816	67310	87902	57177	35052	81128	79452
7	71793	83295	18684	05012	70343	27400	70539	45238	94695	37775
8	83725	00057	34394	35444	78436	91798	51796	36707	67456	77467
9	77078	95214	98499	47286	85436	92525	13948	09554	02412	98323
10	55766	68322	72276	23602	51351	62626	69994	63713	12564	00542
11	68713	29604	64372	02939	19720	30599	32935	99167	10909	84198
12	21054	72237	74900	36813	25812	68503	15772	15883	48922	10450
13	99790	96289	07120	77231	39251	05630	31503	13867	93129	83166
14	91922	01436	72218	31368	33614	22428	24185	95098	65116	22538
15	51064	99004	18255	97712	64422	44200	74601	57505	13649	53704
16	69042	28156	24942	18338	77633	99812	39615	17758	06064	95694
17	21702	89603	12870	36259	72016	71418	85933	47076	83375	18807
18	27568	96344	82089	64475	47841	72020	13584	60348	58580	23346
19	43334	61381	32681	15986	04848	14616	22550	86868	44689	00177
20	67496	50426	87119	16428	32331	65035	93432	37359	79333	92015
21	28961	22359	05786	07024	99176	29442	18686	26930	52667	32271
22	88511	46786	05772	31416	47218	11343	25046	15296	07287	73895
23	91583	36707	87002	02602	76693	23739	12877	15456	43010	63911
24	90944	05124	49517	33583	87381	79629	81966	40411	60276	38270
25	87311	45833	92781	18388	50162	00953	66144	59060	05091	76960
26	05070	76508	87756	39218	15460	29563	12159	54107	13446	98140
27	84523	77783	92386	37230	60698	93589	30156	58081	47544	71119
28	71836	92860	43872	37783	96770	48425	90519	81295	95785	66055
29	69152	68588	36771	24064	13351	15457	01722	99681	53338	46717
30	56834	41942	35654	13684	42066	91410	41633	27722	73684	03161
31	59838	59407	53766	35754	88011	67310	15293	94380	37604	58792
32	63190	28212	81156	71236	23910	70343	21852	57226	45503	16706
33	18719	01889	57431	95872	86261	78436	02791	74264	67979	38565
34	96116	78985	92054	57701	72369	85436	15315	07902	29020	94045
35	86093	03571	58471	09788	68799	83085	07497	69376	15288	99695
36	66427	98262	41441	94440	02255	74913	52038	05869	08099	48180
37	95306	56362	18523	05082	27928	79236	78041	36156	82176	42063
38	73609	30751	13978	90940	30133	09054	85372	73239	37506	92109
39	31723	10710	47392	31571	68390	77367	73833	30116	74294	65755
40	44415	95659	06555	28206	90102	18070	31249	08286	54860	38833
41	27690	50414	65025	09474	93122	44433	86192	81477	94983	70781
42	64278	16342	12953	86937	77427	85692	22346	43275	27362	01352
43	47211	96515	78040	73595	43166	54845	39838	95567	41111	57032
44	83546	59220	85812	82447	90002	64893	38648	51354	36232	92666
45	25060	00032	27162	28836	22928	35555	66748	20143	25072	24685
46	65848	10934	57110	18791	74033	78963	28233	05106	50374	25774
47	66131	15855	32545	59673	46966	57869	91997	15668	01905	73513
48	64309	09078	53836	80147	82256	94942	25746	33617	44890	13678
49	97483	23451	44878	70406	29653	12280	10429	10365	14057	03734

Verteilungsfunktion der Binomialverteilung

$$F_B(k; n, p) = \sum_{i=0}^{k} \binom{n}{i} p^i (1-p)^{n-i}$$

n	k	0,01	0,02	0,03	0,04	0,05	0,06	0,07	0,08	0,09	0,10	k	n
1	0	0,9900	,9800	,9700	,9600	,9500	,9400	,9300	,9200	,9100	,9000	0	1
2	0	0,9801	,9604	,9409	,9216	,9025	,8836	,8649	,8464	,8281	,8100	1	
	1	,9999	,9996	,9991	,9984	,9975	,9964	,9951	,9936	,9919	,9900	0	2
3	0	0,9703	,9412	,9127	,8847	,8574	,8306	,8044	,7787	,7536	,7290	2	
	1	,9997	,9988	,9974	,9953	,9928	,9896	,9860	,9818	,9772	,9720	1	
	2			,9999	,9999	,9999	,9998	,9997	,9995	,9993	,9990	0	3
4	0	0,9606	,9224	,8853	,8493	,8145	,7807	,7481	,7164	,6857	,6561	3	
	1	,9994	,9977	,9948	,9909	,9860	,9801	,9733	,9656	,9570	,9477	2	
	2			,9999	,9998	,9995	,9992	,9987	,9981	,9973	,9963	1	
	3									,9999	,9999	0	4
5	0	0,9510	,9039	,8587	,8154	,7738	,7339	6957	,6591	,6240	,5905	4	
	1	,9990	,9962	,9915	,9852	,9774	,9681	,9575	,9456	,9326	,9185	3	
	2			,9999	,9997	,9994	,9988	,9980	,9969	,9955	,9937	,9914	2	
	3						,9999	,9999	,9998	,9997	,9995	1	5
6	0	0,9415	,8858	,8330	,7828	,7351	,6899	,6470	,6064	,5679	,5314	5	
	1	,9985	,9943	,9875	,9784	,9672	,9541	,9392	,9227	,9048	,8857	4	
	2			,9998	,9995	,9988	,9978	,9962	,9942	,9915	,9882	,9842	3	
	3					,9999	,9998	,9997	,9995	,9992	,9987	2	
	4										,9999	1	6
10	0	0,9044	,8171	,7374	,6648	,5987	,5386	,4840	,4344	,3894	,3487	9	
	1	,9957	,9838	,9655	,9418	,9139	,8824	,8483	,8121	,7746	,7361	8	
	2	,9999	,9991	,9972	,9938	,9885	,9812	,9717	,9599	,9460	,9298	7	
	3			,9999	,9996	,9990	,9980	,9964	,9942	,9912	,9872	6	
	4					,9999	,9998	,9997	,9994	,9990	,9984	5	
	5									,9999	,9999	4	10
12	0	0,8864	,7847	,6938	,6127	,5404	,4759	,4186	,3677	,3225	,2824	11	
	1	,9938	,9769	,9514	,9191	,8816	,8405	,7967	,7513	,7052	,6590	10	
	2	,9998	,9985	,9952	,9893	,9804	,9684	,9532	,9348	,9134	,8891	9	
	3			,9999	,9997	,9990	,9978	,9957	,9925	,9880	,9820	,9744	8	
	4				,9999	,9998	,9996	,9991	,9984	,9973	,9957	7	
	5							,9999	,9998	,9997	,9995	6	
	6	Nicht aufgeführte Werte sind größer oder gleich 0,99995.									,9999	5	12
20	0	0,8179	,6676	,5438	,4420	,3585	,2901	,2342	,1887	,1516	,1216	19	
	1	,9831	,9401	,8802	,8103	,7358	,6605	,5869	,5169	,4516	,3917	18	
	2	,9990	,9929	,9790	,9561	,9245	,8850	,8390	,7879	,7334	,6769	17	
	3		,9994	,9973	,9926	,9841	,9710	,9529	,9294	,9007	,8670	16	
	4			,9997	,9990	,9974	,9944	,9893	,9817	,9710	,9568	15	
	5				,9999	,9997	,9991	,9981	,9962	,9932	,9887	14	
	6						,9999	,9997	,9994	,9987	,9976	13	
	7								,9999	,9998	,9996	12	
	8	Nicht aufgeführte Werte sind größer oder gleich 0,99995.									,9999	11	20
50	0	0,6050	,3642	,2181	,1299	,0769	,0453	,0266	,0155	,0090	,0052	49	
	1	,9106	,7358	,5553	,4005	,2794	,1900	,1265	,0827	,0532	,0338	48	
	2	,9862	,9216	,8108	,6767	,5405	,4162	,3108	,2260	,1605	,1117	47	
	3	,9984	,9822	,9372	,8609	,7604	,6473	,5327	,4253	,3303	,2503	46	
	4	,9999	,9968	,9832	,9510	,8964	,8206	,7290	,6290	,5277	,4312	45	
	5		,9995	,9963	,9856	,9622	,9224	,8650	,7919	,7072	,6161	44	
	6		,9999	,9993	,9964	,9882	,9711	,9417	,8981	,8404	,7702	43	
	7			,9999	,9992	,9968	,9906	,9780	,9562	,9232	,8779	42	
	8				,9999	,9992	,9973	,9927	,9834	,9672	,9421	41	
	9					,9998	,9993	,9978	,9944	,9875	,9755	40	50
		0,99	,098	0,97	0,96	0,95	0,94	0,93	0,92	0,91	0,90	k	n

Beispiele: $F_B(1; 4; 0{,}05) = 0{,}9860$
$F_B(3; 4; 0{,}05) = 1{,}0000$
$f_B(2; 4; 0{,}07) = F_B(2; 4; 0{,}07) - F_B(1; 4; 0{,}07)$
$= 0{,}9987 - 0{,}9733 = 0{,}0254$

Bei rot unterlegtem Eingang:
$F_B(k; n, p) = 1 -$ dem abgelesenen Wert
$F_B(2; 4; 0{,}95) = 1 - 0{,}9860 = 0{,}0140$
$F_B(0; 4; 0{,}95) = 1 - 1{,}0000 = 0{,}0000$

Verteilungsfunktion der Binomialverteilung

$$F_B(k; n, p) = \sum_{i=0}^{k} \binom{n}{i} p^i (1-p)^{n-i}$$

n	k	0,01	0,02	0,03	0,04	0,05	0,06	0,07	0,08	0,09	0,10		
	10						,9999	,9994	,9983	,9957	,9906	39	
	11							,9999	,9995	,9987	,9968	38	
	12								,9999	,9996	,9990	37	
	13									,9999	,9997	36	
	14	Nicht aufgeführte Werte sind größer oder gleich 0,99995.									,9999	35	50
100	0	0,3660	,1326	,0476	,0169	,0059	,0021	,0007	,0002	,0001	,0000	99	
	1	,7358	,4033	,1946	,0872	,0371	,0152	,0060	,0023	,0009	,0003	98	
	2	,9206	,6767	,4198	,2321	,1183	,0566	,0258	,0113	,0048	,0019	97	
	3	,9816	,8590	,6472	,4295	,2578	,1430	,0744	,0367	,0,173	,0078	96	
	4	,9966	,9492	,8179	,6289	,4360	,2768	,1632	,0903	,0474	,0237	95	
	5	,9995	,9845	,9192	,7884	,6160	,4407	,2914	,1799	,1045	,0576	94	
	6	,9999	,9959	,9688	,8936	,7660	,6064	,4443	,3032	,1940	,1172	93	
	7		,9991	,9894	,9525	.8720	,7484	,5988	,4471	,3128	,2061	92	
	8		,9998	,9968	,9810	,9369	,8537	,7340	,5926	,4494	,3209	91	
	9			,9991	,9932	,9718	,9225	,8380	,7220	,5875	,4513	90	
	10			,9998	,9978	,9885	,9624	,9092	,8243	,7118	,5832	89	
	11				,9993	,9957	,9833	,9531	,8972	,8124	,7030	88	
	12				,9998	,9985	,9931	,9776	,9441	,8862	,8018	87	
	13					,9995	,9974	,9901	,9718	,9356	,8761	86	
	14					,9999	,9991	,9959	,9867	,9659	,9274	85	
	15						,9997	,9984	,9942	,9831	,9601	84	
	16						,9999	,9995	,9976	,9922	,9794	83	
	17							,9998	,9991	,9966	,9900	82	
	18								,9997	,9986	,9954	81	
	19								,9999	,9995	,9980	80	
	20									,9998	,9992	79	
	21									,9999	,9997	78	
	22	Nicht aufgeführte Werte sind größer oder gleich 0,99995.									,9999	77	100
		0,99	0,98	0,97	0,96	0,95	0,94	0,93	0,92	0,91	0,90	k	n

p

n	k	0,15	$\frac{1}{6}$	0,20	0,25	0,30	$\frac{1}{3}$	0,35	0,40	0,45	0,50	1	0
		0,8500	,8333	,8000	,7500	,7000	,6667	,6500	,6000	,5500	,5000	0	1
2	0	0,7225	,6944	,6400	,5625	,4900	,4444	,4225	,3600	,3025	,2500	1	
	1	,9775	,9722	,9600	,9375	,9100	,8889	,8775	,8400	,7975	,7500	0	2
3	0	0,6141	,5787	,5120	,4219	,3430	,2963	,2746	,2160	,1664	,1250	2	
	1	,9393	,9259	,8960	,8437	,7840	,7407	,7183	,6480	,5748	,5000	1	
	2	,9966	,9954	,9920	,9844	,9730	,9630	,9571	,9360	,9089	,8750	0	3
4	0	0,5220	,4823	,4096	,3164	,2401	,1975	,1785	,1296	,0915	,0625	3	
	1	,8905	,8681	,8192	,7383	,6517	,5926	,5630	,4752	,3910	,3125	2	
	2	,9880	,9838	,9728	,9492	,9163	,8889	,8735	,8208	,7585	,6875	1	
	3	,9995	,9992	,9984	,9961	,9919	,9877	,9850	,9744	,9590	,9375	0	4
5	0	0,4437	,4019	,3277	,2373	,1681	,1317	,1160	,0778	,0503	,0313	4	
	1	,8352	,8039	,7373	,6328	,5282	,4609	,4284	,3370	,2562	,1875	3	
	2	,9734	,9645	,9421	,8965	,8369	,7901	,7648	,6826	,5931	,5000	2	
	3	,9978	,9967	,9933	,9844	,9692	,9547	,9460	,9130	,8688	,8125	1	
	4	,9999	,9999	,9997	,9990	,9976	,9959	,9947	,9898	,9815	,9688	0	5
6	0	0,3771	,3349	,2621	,1780	,1176	,0878	,0754	,0467	,0277	,0156	5	
	1	,7765	,7368	,6554	,5339	,4202	,3512	,3191	,2333	,1636	,1094	4	
	2	,9527	,9377	,9011	,8306	,7443	,6804	,6471	,5443	,4415	,3438	3	
	3	,9941	,9913	,9830	,9624	,9295	,8999	,8826	,8208	,7447	,6563	2	
	4	,9996	,9993	,9984	,9954	,9891	,9822	,9777	,9590	,9308	,8906	1	
	5			,9999	,9998	,9993	,9986	,9982	,9959	,9917	,9844	0	6
		0,85	$\frac{5}{6}$	0,80	0,75	0,70	$\frac{2}{3}$	0,65	0,60	0,55	0,50	k	n

p

Verteilungsfunktion der Binomialverteilung

$$F_B(k; n, p) = \sum_{i=0}^{k} \binom{n}{i} p^i (1-p)^{n-i}$$

n	k	0,15	$\frac{1}{6}$	0,20	0,25	0,30	$\frac{1}{3}$	0,35	0,40	0,45	0,50		
10	0	0,1969	,1615	,1074	,0563	,0282	,0173	,0135	,0060	,0025	,0010	9	
	1	,5443	,4845	,3758	,2440	,1493	,1040	,0860	,0464	,0233	,0107	8	
	2	,8202	,7752	,6778	,5256	,3828	,2991	,2616	,1673	,0996	,0547	7	
	3	,9500	,9303	,8791	,7759	,6496	,5593	,5138	,3823	,2660	,1719	6	
	4	,9901	,9845	,9672	,9219	,8497	,7869	,7515	,6331	,5044	,3770	5	
	5	,9986	,9976	,9936	,9803	,9527	,9234	,9051	,8338	,7384	,6230	4	
	6	,9999	9997	,9991	,9965	,9894	,9803	,9740	,9452	,8980	,8281	3	
	7			,9999	,9996	,9984	,9966	,9952	,9877	,9726	,9453	2	
	8					,9999	,9996	,9995	,9983	,9955	,9893	1	
	9								,9999	,9997	,9990	0	10
12	0	0,1422	,1122	,0687	,0317	,0138	,0077	,0057	,0022	,0008	,0002	11	
	1	,4435	,3813	,2749	,1584	,0850	,0540	,0424	,0196	,0083	,0032	10	
	2	,7358	,6774	,5583	,3907	,2528	,1811	,1513	,0834	,0421	,0193	9	
	3	,9078	,8748	,7946	,6488	,4925	,3931	,3467	,2253	,1345	,0730	8	
	4	,9761	,9637	,9274	,8424	,7237	,6315	,5833	,4382	,3044	,1938	7	
	5	,9954	,9921	,9806	,9456	,8822	,8223	,7873	,6652	,5269	,3872	6	
	6	,9993	,9987	,9961	,9857	,9614	,9336	,9154	,8418	,7393	,6128	5	
	7	,9999	,9998	,9994	,9972	,9905	,9812	,9745	,9427	,8883	,8062	4	
	8			,9999	,9996	,9983	,9961	,9944	,9847	,9644	,9270	3	
	9					,9998	,9995	,9992	,9972	,9921	,9807	2	
	10							,9999	,9997	,9989	,9968	1	
	11	Nicht aufgeführte Werte sind größer oder gleich 0,99995.								,9999	,9998	0	12
15	0	0,0874	,0649	,0352	,0134	,0047	,0023	,0016	,0005	,0001	,0000	14	
	1	,3186	,2596	,1671	,0802	,0353	,0194	,0142	,0052	,0017	,0005	13	
	2	,6042	,5322	,3980	,2361	,1268	,0794	,0617	,0271	,0107	,0037	12	
	3	,8227	,7685	,6482	,4613	,2969	,2092	,1727	,0905	,0424	,0176	11	
	4	,9383	,9102	,8358	,6865	,5155	,4041	,3519	,2173	,1204	,0592	10	
	5	,9832	,9726	,9389	,8516	,7216	,6184	,5643	,4032	,2608	,1509	9	
	6	,9964	,9934	,9819	,9434	,8689	,7970	,7548	,6098	,4522	,3036	8	
	7	,9994	,9987	,9958	,9827	,9500	,9118	,8868	,7869	,6535	,5000	7	
	8	,9999	,9998	,9992	,9958	,9848	,9692	,9578	,9050	,8182	,6964	6	
	9			,9999	,9992	,9963	,9915	,9876	,9662	,9231	,8491	5	
	10				,9999	,9993	,9982	,9972	,9907	,9745	,9408	4	
	11					,9999	,9997	,9995	,9981	,9937	,9824	3	
	12							,9999	,9997	,9989	,9963	2	
	13									,9999	,9995	1	
	14	Nicht aufgeführte Werte sind größer oder gleich 0,99995.										0	15
20	0	0,0388	,0261	,0115	,0032	,0008	,0003	,0002	,0000	,0000	,0000	19	
	1	,1756	,1304	,0692	,0243	,0076	,0033	,0021	,0005	,0001	,0000	18	
	2	,4049	,3287	,2061	,0913	,0355	,0176	,0121	,0036	,0009	,0002	17	
	3	,6477	,5665	,4114	,2252	,1071	,0604	,0444	,0160	,0049	,0013	16	
	4	,8298	,7687	,6296	,4148	,2375	,1515	,1182	,0510	,0189	,0059	15	
	5	,9327	,8982	,8042	,6172	,4164	,2972	,2454	,1256	,0553	,0207	14	
	6	,9781	,9629	,9133	,7858	,6080	,4793	,4166	,2500	,1299	,0577	13	
	7	,9941	,9887	,9679	,8982	,7723	,6615	,6010	,4159	,2520	,1316	12	
	8	,9987	,9972	,9900	,9591	,8867	,8095	,7624	,5956	,4143	,2517	11	
	9	,9998	,9994	,9974	,9861	,9520	,9081	,8782	,7553	,5914	,4119	10	
	10		,9999	,9994	,9961	,9829	,9624	,9468	,8725	,7507	,5881	9	
	11			,9999	,9991	,9949	,9870	,9804	,9435	,8692	,7483	8	
	12				,9998	,9987	,9963	,9940	,9790	,9420	,8684	7	
	13					,9997	,9991	,9985	,9935	,9786	,9423	6	
	14						,9998	,9997	,9984	,9936	,9793	5	
	15								,9997	,9985	,9941	4	
	16									,9997	,9987	3	
	17	Nicht aufgeführte Werte sind größer oder gleich 0,99995.									,9998	2	20
		0,85	$\frac{5}{6}$	0,80	0,75	0,70	$\frac{2}{3}$	0,65	0,60	0,55	0,50	k	n

Beispiele: $F_B(0; 15; 0,20) = 0,0352$

$f_B(0; 15; 0,20) = F_B(0; 15; 0,20) - 0$
$= 0,0352$

Bei rot unterlegtem Eingang:
$F_B(k; n, p) = 1 - $ dem abgelesenen Wert
$F_B(10; 15; 0,65) = 1 - 0,3519 = 0,6481$

Verteilungsfunktion der Binomialverteilung

$$F_B(k; n, p) = \sum_{i=0}^{k} \binom{n}{i} p^i (1-p)^{n-i}$$

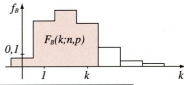

n	k	0,15	$\frac{1}{6}$	0,20	0,25	0,30	$\frac{1}{3}$	0,35	0,40	0,45	0,50		
50	0	0,0003	,0001	,0000	Hier nicht aufgeführte Werte sind kleiner als 0,00005.								49	
	1	,0029	,0012	,0002	,0000							48	
	2	,0142	,0066	,0013	,0001							47	
	3	,0460	,0238	,0057	,0005	,0000						46	
	4	,1121	,0643	,0185	,0021	,0002	,0000	,0000				45	
	5	,2194	,1388	,0480	,0070	,0007	,0001	,0001				44	
	6	,3613	,2506	,1034	,0194	,0025	,0005	,0002	,0000			43	
	7	,5188	,3911	,1904	,0453	,0073	,0017	,0008	,0001			42	
	8	,6681	,5421	,3073	,0916	,0183	,0050	,0025	,0002	,0000		41	
	9	,7911	,6830	,4437	,1637	,0402	,0127	,0067	,0008	,0001		40	
	10	,8801	,7986	,5836	,2622	,0789	,0284	,0160	,0022	,0002		39	
	11	,9372	,8827	,7107	,3816	,1390	,0570	,0342	,0057	,0006	,0000	38	
	12	,9699	,9373	,8139	,5110	,2229	,1035	,0661	,0133	,0018	,0002	37	
	13	,9868	,9693	,8894	,6370	,3279	,1715	,1163	,0280	,0045	,0005	36	
	14	,9947	,9862	,9393	,7481	,4468	,2612	,1878	,0540	,0104	,0013	35	
	15	,9981	,9943	,9692	,8369	,5692	,3690	,2801	,0955	,0220	,0033	34	
	16	,9993	,9978	,9856	,9017	,6839	,4868	,3889	,1561	,0427	,0077	33	
	17	,9998	,9992	,9937	,9449	,7822	,6046	,5060	,2369	,0765	,0164	32	
	18	,9999	,9998	,9975	,9713	,8594	,7126	,6216	,3356	,1273	,0325	31	
	19		,9999	,9991	,9861	,9152	,8036	,7264	,4465	,1974	,0595	30	
	20			,9997	,9937	,9522	,8741	,8139	,5610	,2862	,1013	29	
	21			,9999	,9974	,9749	,9244	,8813	,6701	,3900	,1611	28	
	22				,9990	,9877	,9576	,9290	,7660	,5019	,2399	27	
	23				9996	,9944	,9778	,9604	,8438	,6134	,3359	26	
	24				,9999	,9976	,9892	,9793	,9022	,7160	,4439	25	
	25					,9991	,9951	,9900	,9427	,8034	,5561	24	
	26					,9997	,9979	,9955	,9686	,8721	,6641	23	
	27					,9999	,9992	,9981	,9840	,9220	,7601	22	
	28						,9997	,9993	,9924	,9556	,8389	21	
	29						,9999	,9997	,9966	,9765	,8987	20	
	30							,9999	,9986	,9884	,9405	19	
	31								,9995	,9947	,9675	18	
	32								,9998	,9978	,9836	17	
	33								,9999	,9991	,9923	16	
	34									,9997	,9967	15	
	35									,9999	,9987	14	
	36										,9995	13	
	37	Hier nicht aufgeführte Werte sind größer oder gleich 0,99995.									,9998	12	50
100	0	0,0000	Hier nicht aufgeführte Werte sind kleiner als 0,00005.									99	
	1	,0000										98	
	2	,0000										97	
	3	,0001	,0000									96	
	4	,0004	,0001									95	
	5	,0016	,0004	,0000								94	
	6	,0047	,0013	,0001								93	
	7	,0122	,0038	,0003								92	
	8	,0275	,0095	,0009								91	
	9	,0551	,0213	,0023	,0000							90	
	10	,0994	,0427	,0057	,0001							89	
	11	,1635	,0777	,0126	,0004							88	
	12	,2473	,1297	,0253	,0010	,0000						87	100
		0,85	$\frac{5}{6}$	0,80	0,75	0,70	$\frac{2}{3}$	0,65	0,60	0,55	0,50	k	n

Beispiele: $F_B(10; 50; 0,25) = 0,2622$

$F_B(5; 50; 0,40) = 0,0000$; $F_B(30; 50; 0,20) = 1,0000$

$f_B(10; 50; 0,25) = F_B(10; 50; 0,25) - F_B(9; 50; 0,25)$
$= 0,2622 - 0,1637 = 0,0985$

Bei rot unterlegtem Eingang:
$F_B(k; n, p) = 1 -$ dem abgelesenen Wert
$F_B(39; 50; 0,75)) = 1 - 0,2622 = 0,7378$
$F_B(20; 50; 0,70) = 1 - 1,0000 = 0,0000$

Verteilungsfunktion der Binomialverteilung

$$F_B(k; n, p) = \sum_{i=0}^{k} \binom{n}{i} p^i (1-p)^{n-i}$$

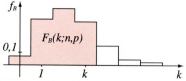

n	k	0,15	$\frac{1}{6}$	0,20	0,25	0,30	$\frac{1}{3}$	0,35	0,40	0,45	0,50	k	n
100	13	0,3474	,2000	,0469	,0025	,0001						86	
	14	,4572	,2874	,0804	,0054	,0002						85	
	15	,5683	,3877	,1285	,0111	,0004	,0000					84	
	16	,6725	,4942	,1923	,0211	,0010	,0001	,0000				83	
	17	,7633	,5994	,2712	,0376	,0022	,0002	,0001				82	
	18	,8372	,6965	,3621	,0630	,0045	,0005	,0001				81	
	19	,8935	,7803	,4602	,0995	,0089	,0011	,0003				80	
	20	,9337	,8481	,5595	,1488	,0165	,0024	,0008				79	
	21	,9607	,8998	,6540	,2114	,0288	,0048	,0017	,0000			78	
	22	,9779	,9370	,7389	,2864	,0479	,0091	,0034	,0001			77	
	23	,9881	,9621	,8109	,3711	,0755	,0164	,0066	,0003			76	
	24	,9939	,9783	,8686	,4617	,1136	,0281	,0121	,0006			75	
	25	,9970	,9881	,9125	,5535	,1631	,0458	,0211	,0012	,0000		74	
	26	,9986	,9938	,9442	,6417	,2244	,0715	,0351	,0024	,0001		73	
	27	,9994	,9969	,9658	,7224	,2964	,1066	,0558	,0046	,0002		72	
	28	,9997	,9985	,9800	,7925	,3768	,1524	,0848	,0084	,0004		71	
	29	,9999	,9993	,9888	,8505	,4623	,2093	,1236	,0148	,0008		70	
	30		,9997	,9939	,8962	,5491	,2766	,1730	,0248	,0015	,0000	69	
	31		,9999	,9969	,9307	,6331	,3525	,2331	,0398	,0030	,0001	68	
	32			,9984	9554	,7107	,4344	,3029	,0615	,0055	,0002	67	
	33			,9993	,9724	,7793	,5188	,3803	,0913	,0098	,0004	66	
	34			,9997	,9836	,8371	,6019	,4624	,1303	,0166	,0009	65	
	35			,9999	,9906	,8839	,6803	,5458	,1795	,0272	,0018	64	
	36			,9999	,9948	,9201	,7511	,6269	,2386	,0429	,0033	63	
	37				,9973	,9470	,8123	,7024	,3068	,0651	,0060	62	
	38				,9986	,9660	,8630	,7699	,3822	,0951	,0105	61	
	39				,9993	,9790	,9034	,8276	,4621	,1343	,0176	60	
	40				,9997	,9875	,9341	,8750	,5433	,1831	,0284	59	
	41				,9999	,9928	,9566	,9123	,6225	,2415	,0443	58	
	42				,9999	,9960	,9724	,9406	,6967	,3087	,0666	57	
	43					,9979	,9831	,9611	,7635	,3828	,0967	56	
	44					,9989	,9900	,9754	,8211	,4613	,1356	55	
	45					,9995	,9943	,9850	,8689	,5413	,1841	54	
	46					,9997	,9969	,9912	,9070	,6196	,2421	53	
	47					,9999	,9983	,9950	,9362	,6931	,3086	52	
	48					,9999	,9991	,9972	,9577	,7596	,3822	51	
	49						,9996	,9985	,9729	,8173	,4602	50	
	50						,9998	,9993	,9832	,8654	,5398	49	
	51						,9999	,9996	,9900	,9040	,6178	48	
	52							,9998	,9942	,9338	,6913	47	
	53							,9999	,9968	,9559	,7579	46	
	54								,9983	,9716	,8159	45	
	55								,9991	,9824	,8644	44	
	56								,9996	,9894	,9033	43	
	57								,9998	,9939	,9334	42	
	58								,9999	,9966	,9557	41	
	59									,9982	,9716	40	
	60									,9991	,9824	39	
	61									,9995	,9895	38	
	62									,9998	,9940	37	
	63									,9999	,9967	36	
	64										,9982	35	100

Hier nicht aufgeführte Werte sind kleiner als 0,00005. *(Bereich k = 13…19)*

$F_B(65; 100; 0,5) = F_B(34; 100; 0,5) = 0,9991$
$F_B(66; 100; 0,5) = F_B(33; 100; 0,5) = 0,9996$
$F_B(67; 100; 0,5) = F_B(32; 100; 0,5) = 0,9998$
$F_B(68; 100; 0,5) = F_B(31; 100; 0,5) = 0,9999$

Hier nicht aufgeführte Werte sind größer oder gleich 0,99995.

0,85	$\frac{5}{6}$	0,80	0,75	0,70	$\frac{2}{3}$	0,65	0,60	0,55	0,50	k	n

Beispiele: $F_B(45; 100; 0,50) = 0,1841$

$f_B(45; 100; 0,50) = F_B(45; 100; 0,50) - F_B(44; 100; 0,50)$
$= 0,1841 - 0,1356 = 0,0485$

Bei rot unterlegtem Eingang:
$F_B(k; n, p) = 1 -$ dem abgelesenen Wert
$F_B(54; 100; 0,50) = 1 - 0,1841 = 0,8159$

Verteilungsfunktion der Binomialverteilung für $n = 200$

$$F_B(k; 200, p) = \sum_{i=0}^{k} \binom{200}{i} p^i (1-p)^{200-i}$$

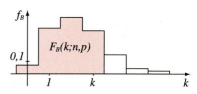

k	0,01	0,02	0,03	0,05	0,10	$\frac{1}{6}$	0,20	0,25	0,30	
0	0,13398	,01759	,00226	,00004	Hier nicht aufgeführte Werte sind kleiner als 0,000005.					199
1	,40465	,08938	,01625	,00040						198
2	,67668	,23515	,05929	,00234						197
3	,85803	,43149	,14715	,00905	,00000					196
4	,94825	,62884	,28098	,02645	,00001					195
5	,98398	,78672	,44323	,06234	,00004					194
6	,99570	,89144	,60632	,12374	,00015					193
7	,99899	,95066	,74610	,21330	,00048					192
8	,99979	,97983	,85040	,32702	,00138					191
9	,99996	,99252	,91922	,45471	,00353					190
10	,99999	,99747	,95987	,58307	,00807					189
11		,99921	,98159	,69976	,01679	,00000				188
12		,99977	,99217	,79648	,03205	,00001				187
13		,99994	,99690	,87011	,05656	,00002				186
14		,99999	,99885	,92187	,09295	,00004				185
15			,99960	,95564	,14308	,00011				184
16			,99987	,97620	,20748	,00028	,00000			183
17			,99996	,98791	,28493	,00063	,00001			182
18			,99999	,99418	,37242	,00134	,00002			181
19				,99734	,46554	,00270	,00005			180
20				,99884	,55917	,00517	,00011			179
21				,99952	,64835	,00940	,00024			178
22				,99981	,72897	,01628	,00050			177
23				,99993	,79830	,02693	,00102			176
24				,99997	,85511	,04264	,00196	,00000		175
25				,99999	,89954	,06476	,00363	,00001		174
26					,93278	,09454	,00643	,00002		173
27					,95657	,13292	,01095	,00005		172
28					,97291	,18035	,01793	,00010		171
29					,98367	,23661	,02828	,00021		170
30					,99049	,30074	,04302	,00042		169
31					,99465	,37108	,06324	,00079		168
32					,99708	,44538	,08993	,00145	,00000	167
33					,99846	,52103	,12390	,00257	,00001	166
34					,99922	,59535	,16561	,00440	00002	165
35					,99961	,66584	,21507	,00729	,00004	164
36					,99981	,73046	,27174	,01171	,00008	163
37					,99991	,78774	,33454	,01824	,00015	162
38					,99996	,83688	,40188	,02758	,00028	161
39					,99998	87771	,47181	,04050	,00052	160
40					,99999	,91058	,54218	,05785	,00093	159
41						,93623	,61083	,08041	,00161	158
42						,95565	,67581	,10889	,00272	157
43						,96992	,73550	,14376	,00447	156
44						,98011	,78874	,18524	,00715	155
45						,98717	,83488	,23317	,01113	154
46						,99193	,87375	,28700	,01687	153
47						,99505	,90560	,34580	,02493	152
48						,99703	,93097	,40828	,03595	151
49	Hier nicht aufgeführte Werte sind größer oder gleich 0,999995.					,99827	,95065	,47288	,05059	150
	0,99	0,98	0,97	0,95	0,90	$\frac{5}{6}$	0,80	0,75	0,70	k
					p					

Beispiele: $F_B(30; 200; 0,20) = 0,04302$
$F_B(30; 200; 0,05) = 1,00000$
$F_B(30; 200; 0,30) = 0,00000$

Bei rot unterlegtem Eingang:
$F_B(k; 200; p) = 1 -$ dem abgelesenen Wert
$F_B(160; 200; 0,80) - 1 - 0,47181 - 0,52819$

Statistische Tabellen

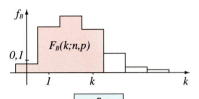

Verteilungsfunktion der Binomialverteilung für $n = 200$

$$F_B(k; 200, p) = \sum_{i=0}^{k} \binom{200}{i} p^i (1-p)^{200-i}$$

k	0,20	0,25	0,30	0,40	0,50	
50	0,96550	,53791	,06955	,00001	,00000	149
51	,97643	,60166	,09344	,00001	,00000	148
52	,98425	,66255	,12277	,00002	,00000	147
53	,98972	,71923	,15789	,00004	,00000	146
54	,99343	,77067	,19885	,00008	,00000	145
55	,99590	,81618	,24545	,00015	,00000	144
56	,99750	,85546	,29717	,00027	,00000	143
57	,99851	,88853	,35316	,00047	,00000	142
58	,99913	,91572	,41232	,00079	,00000	141
59	,99950	,93753	,47335	,00131	,00000	140
60	,99972	,95461	,53481	,00213	,00000	139
61	,99985	,96768	,59526	,00338	,00000	138
62	,99992	,97745	,65335	,00525	,00000	137
63	,99996	,98458	,70788	,00798	,00000	136
64	,99998	,98967	,75791	,01187	,00000	135
65	,99999	,99322	,80276	,01731	,00000	134
66	,99999	,99564	,84209	,02472	,00000	133
67		,99725	,87579	,03504	,00000	132
68		,99830	,90405	,04748	,00000	131
69		,99897	,92721	,06390	,00001	130
70		,99939	,94579	,08440	,00001	129
71		,99965	,96037	,10942	,00002	128
72		,99980	,97157	,13930	,00005	127
73		,99989	,97998	,17423	,00008	126
74		,99994	,98617	,21419	,00014	125
75		,99997	,99062	,25896	,00025	124
76		,99998	,99376	,30804	,00042	123
77		,99999	,99593	,36073	,00070	122
78			,99739	,41612	,00114	121
79			,99836	,47316	,00182	120
80			,99899	,53066	,00284	119
81			,99939	,58746	,00436	118
82			,99964	,64241	,00657	117
83			,99979	,69449	,00970	116
84			,99988	,74285	,01406	115
85			,99993	,78685	,02002	114
86			,99996	,82607	,02798	113
87			,99998	,86034	,03842	112
88			,99999	,88967	,05182	111
89			,99999	,91428	,06868	110
90				,93451	,08948	109
91				,95082	,11462	108
92				,96369	,14441	107
93				,97366	,17900	106
94				,98123	,21838	105
95				,98686	,26231	104
96				,99096	,31036	103
97	Nicht aufgeführte Werte			,99390	,36189	102
98	sind größer oder gleich			,99595	,41604	101
99	0,999995.			,99736	,47183	100
k	0,80	0,75	0,70	0,60	0,50	k
			p			

k	0,40	0,50	
100	0,99832	,52817	99
101	,99894	,58396	98
102	,99935	,63811	97
103	,99961	,68964	96
104	,99977	,73769	95
105	,99986	,78162	94
106	,99992	,82100	93
107	,99996	,85559	92
108	,99998	,88538	91
109	,99999	,91052	90
110	,99999	,93132	89
111		,94818	88
112		,96158	87
113		,97202	86
114		,97998	85
115		,98594	84
116		,99030	83
117		,99343	82
118		,99564	81
119		,99716	80
120		,99818	79
121		,99886	78
122		,99930	77
123		,99958	76
124		,99975	75
125		,99986	74
126		,99992	73
127		,99995	72
128		,99998	71
129		,99999	70
130		,99999	69
131			68
132	Nicht aufgeführte		67
133	Werte sind größer		66
134	oder gleich 0,999995		65
	0,60	0,50	k
		p	

k	$p = \frac{1}{6}$	
50	0,99901	149
51	,99945	148
52	,99970	147
53	,99984	146
54	,99992	145
55	,99996	144
56	,99998	143
57	,99999	142
	$p = \frac{5}{6}$	k

Beispiele: $F_B(\,80; 200; 0{,}40) = 0{,}53066$
$F_B(100; 200; 0{,}40) = 0{,}99832$
$F_B(112; 200; 0{,}40) = 1{,}00000$

Bei rot unterlegtem Eingang:
$F_B(k; 200, p) = 1 - $ dem abgelesenen Wert
$F_B(120; 200; 0{,}60) = 1 - 0{,}47316 = 0{,}52684$

Verteilungsfunktion Φ der standardisierten Normalverteilung

$$\Phi(z) = \frac{1}{\sqrt{2\pi}} \int_{-\infty}^{z} e^{-\frac{1}{2}u^2} du$$

$$\Phi(-z) = 1 - \Phi(z)$$

$$P(a \leq Z \leq b) = \Phi(b) - \Phi(a)$$

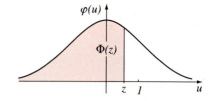

z	0,000	0,001	0,002	0,003	0,004	0,005	0,006	0,007	0,008	0,009
0,00	0,5000	,5004	,5008	,5012	,5016	,5020	,5024	,5028	,5032	,5036
0,01	0,5040	,5044	,5048	,5052	,5056	,5060	,5064	,5068	,5072	,5076
0,02	0,5080	,5084	,5088	,5092	,5096	,5100	,5104	,5108	,5112	,5116
0,03	0,5120	,5124	,5128	,5132	,5136	,5140	,5144	,5148	,5152	,5156
0,04	0,5160	,5164	,5168	,5171	,5175	,5179	,5183	,5187	,5191	,5195
0,05	0,5199	,5203	,5207	,5211	,5215	,5219	,5223	,5227	,5231	,5235
0,06	0,5239	,5243	,5247	,5251	,5255	,5259	,5263	,5267	,5271	,5275
0,07	0,5279	,5283	,5287	,5291	,5295	,5299	,5303	,5307	,5311	,5315
0,08	0,5319	,5323	,5327	,5331	,5335	,5339	,5343	,5347	,5351	,5355
0,09	0,5359	,5363	,5367	,5370	,5374	,5378	,5382	,5386	,5390	,5394
0,10	0,5398	,5402	,5406	,5410	,5414	,5418	,5422	,5426	,5430	,5434
0,11	0,5438	,5442	,5446	,5450	,5454	,5458	,5462	,5466	,5470	,5474
0,12	0,5478	,5482	,5486	,5489	,5493	,5497	,5501	,5505	,5509	,5513
0,13	0,5517	,5521	,5525	,5529	,5533	,5537	,5541	,5545	,5549	,5553
0,14	0,5557	,5561	,5565	,5569	,5572	,5576	,5580	,5584	,5588	,5592
0,15	0,5596	,5600	,5604	,5608	,5612	,5616	,5620	,5624	,5628	,5632
0,16	0,5636	,5640	,5643	,5647	,5651	,5655	,5659	,5663	,5667	,5671
0,17	0,5675	,5679	,5683	,5687	,5691	,5695	,5699	,5702	,5706	,5710
0,18	0,5714	,5718	,5722	,5726	,5730	,5734	,5738	,5742	,5746	,5750
0,19	0,5753	,5757	,5761	,5765	,5769	,5773	,5777	,5781	,5785	,5789
0,20	0,5793	,5797	,5800	,5804	,5808	,5812	,5816	,5820	,5824	,5828
0,21	0,5832	,5836	,5839	,5843	,5847	,5851	,5855	,5859	,5863	,5867
0,22	0,5871	,5875	,5878	,5882	,5886	,5890	,5894	,5898	,5902	,5906
0,23	0,5910	,5913	,5917	,5921	,5925	,5929	,5933	,5937	,5941	,5944
0,24	0,5948	,5952	,5956	,5960	,5964	,5968	,5972	,5975	,5979	,5983
0,25	0,5987	,5991	,5995	,5999	,6003	,6006	,6010	,6014	,6018	,6022
0,26	0,6026	,6030	,6033	,6037	,6041	,6045	,6049	,6053	,6057	,6060
0,27	0,6064	,6068	,6072	,6076	,6080	,6083	,6087	,6091	,6095	,6099
0,28	0,6103	,6106	,6110	,6114	,6118	,6122	,6126	,6129	,6133	,6137
0,29	0,6141	,6145	,6149	,6152	,6156	,6160	,6164	,6168	,6171	,6175
0,30	0,6179	,6183	,6187	,6191	,6194	,6198	,6202	,6206	,6210	,6213
0,31	0,6217	,6221	,6225	,6229	,6232	,6236	,6240	,6244	,6248	,6251
0,32	0,6255	,6259	,6263	,6267	,6270	,6274	,6278	,6282	,6285	,6289
0,33	0,6293	,6297	,6301	,6304	,6308	,6312	,6316	,6319	,6323	,6327
0,34	0,6331	,6334	,6338	,6342	,6346	,6350	,6353	,6357	,6361	,6365
0,35	0,6368	,6372	,6376	,6380	,6383	,6387	,6391	,6395	,6398	,6402
0,36	0,6406	,6410	,6413	,6417	,6421	,6424	,6428	,6432	,6436	,6439
0,37	0,6443	,6447	,6451	,6454	,6458	,6462	,6465	,6469	,6473	,6477
0,38	0,6480	,6484	,6488	,6491	,6495	,6499	,6503	,6506	,6510	,6514
0,39	0,6517	,6521	,6525	,6528	,6532	,6536	,6539	,6543	,6547	,6551
0,40	0,6554	,6558	,6562	,6565	,6569	,6573	,6576	,6580	,6584	,6587
0,41	0,6591	,6595	,6598	,6602	,6606	,6609	,6613	,6617	,6620	,6624
0,42	0,6628	,6631	,6635	,6639	,6642	,6646	,6649	,6653	,6657	,6660
0,43	0,6664	,6668	,6671	,6675	,6679	,6682	,6686	,6689	,6693	,6697
0,44	0,6700	,6704	,6708	,6711	,6715	,6718	,6722	,6726	,6729	,6733

Verteilungsfunktion Φ der standardisierten Normalverteilung

$$\Phi(z) = \int_{-\infty}^{z} \varphi(u)\,du$$

$$\Phi(-z) = 1 - \Phi(z)$$

$$P(a \le Z \le b) = \Phi(b) - \Phi(a)$$

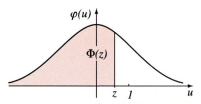

z	0,000	0,001	0,002	0,003	0,004	0,005	0,006	0,007	0,008	0,009
0,45	0,6736	,6740	,6744	,6747	,6751	,6754	,6758	,6762	,6765	,6769
0,46	0,6772	,6776	,6780	,6783	,6787	,6790	,6794	,6798	,6801	,6805
0,47	0,6808	,6812	,6815	,6819	,6823	,6826	,6830	,6833	,6837	,6840
0,48	0,6844	,6847	,6851	,6855	,6858	,6862	,6865	,6869	,6872	,6876
0,49	0,6879	,6883	,6886	,6890	,6893	,6897	,6901	,6904	,6908	,6911
0,50	0,6915	,6918	,6922	,6925	,6929	,6932	,6936	,6939	,6943	,6946
0,51	0,6950	,6953	,6957	,6960	,6964	,6967	,6971	,6974	,6978	,6981
0,52	0,6985	,6988	,6992	,6995	,6999	,7002	,7006	,7009	,7013	,7016
0,53	0,7019	,7023	,7026	,7030	,7033	,7037	,7040	,7044	,7047	,7051
0,54	0,7054	,7057	,7061	,7064	,7068	,7071	,7075	,7078	,7082	,7085
0,55	0,7088	,7092	,7095	,7099	,7102	,7106	,7109	,7112	,7116	,7119
0,56	0,7123	,7126	,7129	,7133	,7136	,7140	,7143	,7146	,7150	,7153
0,57	0,7157	,7160	,7163	,7167	,7170	,7174	,7177	,7180	,7184	,7187
0,58	0,7190	,7194	,7197	,7201	,7204	,7207	,7211	,7214	,7217	,7221
0,59	0,7224	,7227	,7231	,7234	,7237	,7241	,7244	,7247	,7251	,7254
0,60	0,7257	,7261	,7264	,7267	,7271	,7274	,7277	,7281	,7284	,7287
0,61	0,7291	,7294	,7297	,7301	,7304	,7307	,7311	,7314	,7317	,7320
0,62	0,7324	,7327	,7330	,7334	,7337	,7340	,7343	,7347	,7350	,7353
0,63	0,7357	,7360	,7363	,7366	,7370	,7373	,7376	,7379	,7383	,7386
0,64	0,7389	,7392	,7396	,7399	,7402	,7405	,7409	,7412	,7415	,7418
0,65	0,7422	,7425	,7428	,7431	,7434	,7438	,7441	,7444	,7447	,7451
0,66	0,7454	,7457	,7460	,7463	,7467	,7470	,7473	,7476	,7479	,7483
0,67	0,7486	,7489	,7492	,7495	,7498	,7502	,7505	,7508	,7511	,7514
0,68	0,7517	,7521	,7524	,7527	,7530	,7533	,7536	,7540	,7543	,7546
0,69	0,7549	,7552	,7555	,7558	,7562	,7565	,7568	,7571	,7574	,7577
0,70	0,7580	,7583	,7587	,7590	,7593	,7596	,7599	,7602	,7605	,7608
0,71	0,7611	,7615	,7618	,7621	,7624	,7627	,7630	,7633	,7636	,7639
0,72	0,7642	,7645	,7649	,7652	,7655	,7658	,7661	,7664	,7667	,7670
0,73	0,7673	,7676	,7679	,7682	,7685	,7688	,7691	,7694	,7697	,7700
0,74	0,7704	,7707	,7710	,7713	,7716	,7719	,7722	,7725	,7728	,7731
0,75	0,7734	,7737	,7740	,7743	,7746	,7749	,7752	,7755	,7758	,7761
0,76	0,7764	,7767	,7770	,7773	,7776	,7779	,7782	,7785	,7788	,7791
0,77	0,7794	,7796	,7799	,7802	,7805	,7808	,7811	,7814	,7817	,7820
0,78	0,7823	,7826	,7829	,7832	,7835	,7838	,7841	,7844	,7847	,7849
0,79	0,7852	,7855	,7858	,7861	,7864	,7867	,7870	,7873	,7876	,7879
0,80	0,7881	,7884	,7887	,7890	,7893	,7896	,7899	,7902	,7905	,7907
0,81	0,7910	,7913	,7916	,7919	,7922	,7925	,7927	,7930	,7933	,7936
0,82	0,7939	,7942	,7945	,7947	,7950	,7953	,7956	,7959	,7962	,7964
0,83	0,7967	,7970	,7973	,7976	,7979	,7981	,7984	,7987	,7990	,7993
0,84	0,7995	,7998	,8001	,8004	,8007	,8009	,8012	,8015	,8018	,8021
0,85	0,8023	,8026	,8029	,8032	,8034	,8037	,8040	,8043	,8046	,8048
0,86	0,8051	,8054	,8057	,8059	,8062	,8065	,8068	,8070	,8073	,8076
0,87	0,8078	,8081	,8084	,8087	,8089	,8092	,8095	,8098	,8100	,8103
0,88	0,8106	,8108	,8111	,8114	,8117	,8119	,8122	,8125	,8127	,8130
0,89	0,8133	,8135	,8138	,8141	,8143	,8146	,8149	,8151	,8154	,8157

Verteilungsfunktion Φ der standardisierten Normalverteilung

z	0,000	0,001	0,002	0,003	0,004	0,005	0,006	0,007	0,008	0,009
0,90	0,8159	,8162	,8165	,8167	,8170	,8173	,8175	,8178	,8181	,8183
0,91	0,8186	,8189	,8191	,8194	,8196	,8199	,8202	,8204	,8207	,8210
0,92	0,8212	,8215	,8217	,8220	,8223	,8225	,8228	,8230	,8233	,8236
0,93	0,8238	,8241	,8243	,8246	,8248	,8251	,8254	,8256	,8259	,8261
0,94	0,8264	,8266	,8269	,8272	,8274	,8277	,8279	,8282	,8284	,8287
0,95	0,8289	,8292	,8295	,8297	,8300	,8302	,8305	,8307	,8310	,8312
0,96	0,8315	,8317	,8320	,8322	,8325	,8327	,8330	,8332	,8335	,8337
0,97	0,8340	,8342	,8345	,8347	,8350	,8352	,8355	,8357	,8360	,8362
0,98	0,8365	,8367	,8370	,8372	,8374	,8377	,8379	,8382	,8384	,8387
0,99	0,8389	,8392	,8394	,8396	,8399	,8401	,8404	,8406	,8409	,8411
1,00	0,8413	,8416	,8418	,8421	,8423	,8426	,8428	,8430	,8433	,8435
1,01	0,8438	,8440	,8442	,8445	,8447	,8449	,8452	,8454	,8457	,8459
1,02	0,8461	,8464	,8466	,8468	,8471	,8473	,8476	,8478	,8480	,8483
1,03	0,8485	,8487	,8490	,8492	,8494	,8497	,8499	,8501	,8504	,8506
1,04	0,8508	,8511	,8513	,8515	,8518	,8520	,8522	,8525	,8527	,8529
1,05	0,8531	,8534	,8536	,8538	,8541	,8543	,8545	,8547	,8550	,8552
1,06	0,8554	,8557	,8559	,8561	,8563	,8566	,8568	,8570	,8572	,8575
1,07	0,8577	,8579	,8581	,8584	,8586	,8588	,8590	,8593	,8595	,8597
1,08	0,8599	,8602	,8604	,8606	,8608	,8610	,8613	,8615	,8617	,8619
1,09	0,8621	,8624	,8626	,8628	,8630	,8632	,8635	,8637	,8639	,8641
1,10	0,8643	,8646	,8648	,8650	,8652	,8654	,8656	,8659	,8661	,8663
1,11	0,8665	,8667	,8669	,8671	,8674	,8676	,8678	,8680	,8682	,8684
1,12	0,8686	,8689	,8691	,8693	,8695	,8697	,8699	,8701	,8703	,8706
1,13	0,8708	,8710	,8712	,8714	,8716	,8718	,8720	,8722	,8724	,8726
1,14	0,8729	,8731	,8733	,8735	,8737	,8739	,8741	,8743	,8745	,8747
1,15	0,8749	,8751	,8753	,8755	,8757	,8760	,8762	,8764	,8766	,8768
1,16	0,8770	,8772	,8774	,8776	,8778	,8780	,8782	,8784	,8786	,8788
1,17	0,8790	,8792	,8794	,8796	,8798	,8800	,8802	,8804	,8806	,8808
1,18	0,8810	,8812	,8814	,8816	,8818	,8820	,8822	,8824	,8826	,8828
1,19	0,8830	,8832	,8834	,8836	,8838	,8840	,8842	,8843	,8845	,8847
1,20	0,8849	,8851	,8853	,8855	,8857	,8859	,8861	,8863	,8865	,8867
1,21	0,8869	,8871	,8872	,8874	,8876	,8878	,8880	,8882	,8884	,8886
1,22	0,8888	,8890	,8891	,8893	,8895	,8897	,8899	,8901	,8903	,8905
1,23	0,8907	,8908	,8910	,8912	,8914	,8916	,8918	,8920	,8921	,8923
1,24	0,8925	,8927	,8929	,8931	,8933	,8934	,8936	,8938	,8940	,8942
1,25	0,8944	,8945	,8947	,8949	,8951	,8953	,8954	,8956	,8958	,8960
1,26	0,8962	,8963	,8965	,8967	,8969	,8971	,8972	,8974	,8976	,8978
1,27	0,8980	,8981	,8983	,8985	,8987	,8988	,8990	,8992	,8994	,8996
1,28	0,8997	,8999	,9001	,9003	,9004	,9006	,9008	,9010	,9011	,9013
1,29	0,9015	,9016	,9018	,9020	,9022	,9023	,9025	,9027	,9029	,9030
1,30	0,9032	,9034	,9035	,9037	,9039	,9041	,9042	,9044	,9046	,9047
1,31	0,9049	,9051	,9052	,9054	,9056	,9057	,9059	,9061	,9062	,9064
1,32	0,9066	,9067	,9069	,9071	,9072	,9074	,9076	,9077	,9079	,9081
1,33	0,9082	,9084	,9086	,9087	,9089	,9091	,9092	,9094	,9096	,9097
1,34	0,9099	,9100	,9102	,9104	,9105	,9107	,9108	,9110	,9112	,9113
1,35	0,9115	,9117	,9118	,9120	,9121	,9123	,9125	,9126	,9128	,9129
1,36	0,9131	,9132	,9134	,9136	,9137	,9139	,9140	,9142	,9143	,9145
1,37	0,9147	,9148	,9150	,9151	,9153	,9154	,9156	,9157	,9159	,9161
1,38	0,9162	,9164	,9165	,9167	,9168	,9170	,9171	,9173	,9174	,9176
1,39	0,9177	,9179	,9180	,9182	,9183	,9185	,9186	,9188	,9189	,9191

Verteilungsfunktion Φ **der standardisierten Normalverteilung**

$$\Phi(z) = \int_{-\infty}^{z} \varphi(u)\, du$$

$$\Phi(-z) = 1 - \Phi(z)$$

$$P(a \leq Z \leq b) = \Phi(b) - \Phi(a)$$

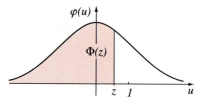

z	0,000	0,001	0,002	0,003	0,004	0,005	0,006	0,007	0,008	0,009
1,40	0,9192	,9194	,9195	,9197	,9198	,9200	,9201	,9203	,9204	,9206
1,41	0,9207	,9209	,9210	,9212	,9213	,9215	,9216	,9218	,9219	,9221
1,42	0,9222	,9223	,9225	,9226	,9228	,9229	,9231	,9232	,9234	,9235
1,43	0,9236	,9238	,9239	,9241	,9242	,9244	,9245	,9246	,9248	,9249
1,44	0,9251	,9252	,9253	,9255	,9256	,9258	,9259	,9261	,9262	,9263
1,45	0,9265	,9266	,9267	,9269	,9270	,9272	,9273	,9274	,9276	,9277
1,46	0,9279	,9280	,9281	,9283	,9284	,9285	,9287	,9288	,9289	,9291
1,47	0,9292	,9294	,9295	,9296	,9298	,9299	,9300	,9302	,9303	,9304
1,48	0,9306	,9307	,9308	,9310	,9311	,9312	,9314	,9315	,9316	,9318
1,49	0,9319	,9320	,9322	,9323	,9324	,9325	,9327	,9328	,9329	,9331
1,50	0,9332	,9333	,9335	,9336	,9337	,9338	,9340	,9341	,9342	,9344
1,51	0,9345	,9346	,9347	,9349	,9350	,9351	,9352	,9354	,9355	,9356
1,52	0,9357	,9359	,9360	,9361	,9362	,9364	,9365	,9366	,9367	,9369
1,53	0,9370	,9371	,9372	,9374	,9375	,9376	,9377	,9379	,9380	,9381
1,54	0,9382	,9383	,9385	,9386	,9387	,9388	,9389	,9391	,9392	,9393
1,55	0,9394	,9395	,9397	,9398	,9399	,9400	,9401	,9403	,9404	,9405
1,56	0,9406	,9407	,9409	,9410	,9411	,9412	,9413	,9414	,9416	,9417
1,57	0,9418	,9419	,9420	,9421	,9423	,9424	,9425	,9426	,9427	,9428
1,58	0,9429	,9431	,9432	,9433	,9434	,9435	,9436	,9437	,9439	,9440
1,59	0,9441	,9442	,9443	,9444	,9445	,9446	,9448	,9449	,9450	,9451
1,60	0,9452	,9453	,9454	,9455	,9456	,9458	,9459	,9460	,9461	,9462
1,61	0,9463	,9464	,9465	,9466	,9467	,9468	,9470	,9471	,9472	,9473
1,62	0,9474	,9475	,9476	,9477	,9478	,9479	,9480	,9481	,9482	,9483
1,63	0,9484	,9486	,9487	,9488	,9489	,9490	,9491	,9492	,9493	,9494
1,64	0,9495	,9496	,9497	,9498	,9499	,9500	,9501	,9502	,9503	,9504
1,65	0,9505	,9506	,9507	,9508	,9509	,9510	,9511	,9512	,9513	,9514
1,66	0,9515	,9516	,9517	,9518	,9519	,9520	,9521	,9522	,9523	,9524
1,67	0,9525	,9526	,9527	,9528	,9529	,9530	,9531	,9532	,9533	,9534
1,68	0,9535	,9536	,9537	,9538	,9539	,9540	,9541	,9542	,9543	,9544
1,69	0,9545	,9546	,9547	,9548	,9549	,9550	,9551	,9552	,9552	,9553
1,70	0,9554	,9555	,9556	,9557	,9558	,9559	,9560	,9561	,9562	,9563
1,71	0,9564	,9565	,9566	,9566	,9567	,9568	,9569	,9570	,9571	,9572
1,72	0,9573	,9574	,9575	,9576	,9576	,9577	,9578	,9579	,9580	,9581
1,73	0,9582	,9583	,9584	,9585	,9585	,9586	,9587	,9588	,9589	,9590
1,74	0,9591	,9592	,9592	,9593	,9594	,9595	,9596	,9597	,9598	,9599
1,75	0,9599	,9600	,9601	,9602	,9603	,9604	,9605	,9605	,9606	,9607
1,76	0,9608	,9609	,9610	,9610	,9611	,9612	,9613	,9614	,9615	,9616
1,77	0,9616	,9617	,9618	,9619	,9620	,9621	,9621	,9622	,9623	,9624
1,78	0,9625	,9625	,9626	,9627	,9628	,9629	,9630	,9630	,9631	,9632
1,79	0,9633	,9634	,9634	,9635	,9636	,9637	,9638	,9638	,9639	,9640
1,80	0,9641	,9641	,9642	,9643	,9644	,9645	,9645	,9646	,9647	,9648
1,81	0,9649	,9649	,9650	,9651	,9652	,9652	,9653	,9654	,9655	,9655
1,82	0,9656	,9657	,9658	,9658	,9659	,9660	,9661	,9662	,9662	,9663
1,83	0,9664	,9664	,9665	,9666	,9667	,9667	,9668	,9669	,9670	,9670
1,84	0,9671	,9672	,9673	,9673	,9674	,9675	,9676	,9676	,9677	,9678

Verteilungsfunktion Φ der standardisierten Normalverteilung

z	0,000	0,001	0,002	0,003	0,004	0,005	0,006	0,007	0,008	0,009
1,85	0,9678	,9679	,9680	,9681	,9681	,9682	,9683	,9683	,9684	,9685
1,86	0,9686	,9686	,9687	,9688	,9688	,9689	,9690	,9690	,9691	,9692
1,87	0,9693	,9693	,9694	,9695	,9695	,9696	,9697	,9697	,9698	,9699
1,88	0,9699	,9700	,9701	,9701	,9702	,9703	,9704	,9704	,9705	,9706
1,89	0,9706	,9707	,9708	,9708	,9709	,9710	,9710	,9711	,9712	,9712
1,90	0,9713	,9713	,9714	,9715	,9715	,9716	,9717	,9717	,9718	,9719
1,91	0,9719	,9720	,9721	,9721	,9722	,9723	,9723	,9724	,9724	,9725
1,92	0,9726	,9726	,9727	,9728	,9728	,9729	,9729	,9730	,9731	,9731
1,93	0,9732	,9733	,9733	,9734	,9734	,9735	,9736	,9736	,9737	,9737
1,94	0,9738	,9739	,9739	,9740	,9741	,9741	,9742	,9742	,9743	,9744
1,95	0,9744	,9745	,9745	,9746	,9746	,9747	,9748	,9748	,9749	,9749
1,96	0,9750	,9751	,9751	,9752	,9752	,9753	,9754	,9754	,9755	,9755
1,97	0,9756	,9756	,9757	,9758	,9758	,9759	,9759	,9760	,9760	,9761
1,98	0,9761	,9762	,9763	,9763	,9764	,9764	,9765	,9765	,9766	,9766
1,99	0,9767	,9768	,9768	,9769	,9769	,9770	,9770	,9771	,9771	,9772
2,00	0,9772	,9773	,9774	,9774	,9775	,9775	,9776	,9776	,9777	,9777
2,01	0,9778	,9778	,9779	,9779	,9780	,9780	,9781	,9782	,9782	,9783
2,02	0,9783	,9784	,9784	,9785	,9785	,9786	,9786	,9787	,9787	,9788
2,03	0,9788	,9789	,9789	,9790	,9790	,9791	,9791	,9792	,9792	,9793
2,04	0,9793	,9794	,9794	,9795	,9795	,9796	,9796	,9797	,9797	,9798
2,05	0,9798	,9799	,9799	,9800	,9800	,9801	,9801	,9802	,9802	,9803
2,06	0,9803	,9803	,9804	,9804	,9805	,9805	,9806	,9806	,9807	,9807
2,07	0,9808	,9808	,9809	,9809	,9810	,9810	,9811	,9811	,9811	,9812
2,08	0,9812	,9813	,9813	,9814	,9814	,9815	,9815	,9816	,9816	,9816
2,09	0,9817	,9817	,9818	,9818	,9819	,9819	,9820	,9820	,9820	,9821
2,10	0,9821	,9822	,9822	,9823	,9823	,9824	,9824	,9824	,9825	,9825
2,11	0,9826	,9826	,9827	,9827	,9827	,9828	,9828	,9829	,9829	,9830
2,12	0,9830	,9830	,9831	,9831	,9832	,9832	,9832	,9833	,9833	,9834
2,13	0,9834	,9835	,9835	,9835	,9836	,9836	,9837	,9837	,9837	,9838
2,14	0,9838	,9839	,9839	,9839	,9840	,9840	,9841	,9841	,9841	,9842
2,15	0,9842	,9843	,9843	,9843	,9844	,9844	,9845	,9845	,9845	,9846
2,16	0,9846	,9847	,9847	,9847	,9848	,9848	,9848	,9849	,9849	,9850
2,17	0,9850	,9850	,9851	,9851	,9851	,9852	,9852	,9853	,9853	,9853
2,18	0,9854	,9854	,9854	,9855	,9855	,9856	,9856	,9856	,9860	,9861
2,19	0,9857	,9858	,9858	,9858	,9859	,9859	,9860	,9860	,9860	,9861
2,20	0,9861	,9861	,9862	,9862	,9862	,9863	,9863	,9863	,9864	,9864
2,21	0,9864	,9865	,9865	,9866	,9866	,9866	,9867	,9867	,9867	,9868
2,22	0,9868	,9868	,9869	,9869	,9869	,9870	,9870	,9870	,9871	,9871
2,23	0,9871	,9872	,9872	,9872	,9873	,9873	,9873	9877	,9877	,9877
2,24	0,9875	,9875	,9875	,9876	,9876	,9876	,9876	,9874	,9874	,9874
2,25	0,9878	,9878	,9878	,9879	,9879	,9879	,9880	,9880	,9880	,9881
2,26	0,9881	,9881	,9882	,9882	,9882	,9882	,9883	,9883	,9883	,9884
2,27	0,9884	,9884	,9885	,9885	,9885	,9885	,9886	,9886	,9886	,9887
2,28	0,9887	,9887	,9888	,9888	,9888	,9891	,9892	,9892	,9892	,9892
2,29	0,9890	,9890	,9890	,9891	,9891	,9889	,9889	,9889	,9890	,9890
2,30	0,9893	,9893	,9893	,9894	,9894	,9894	,9894	,9895	,9895	,9895
2,31	0,9896	,9896	,9896	,9896	,9897	,9897	,9897	,9897	,9898	,9898
2,32	0,9898	,9899	,9899	,9899	,9899	,9900	,9900	,9900	,9900	,9901
2,33	0,9901	,9901	,9901	,9902	,9902	,9902	,9903	,9903	,9903	,9903
2,34	0,9904	,9904	,9904	,9904	,9905	,9905	,9905	,9905	,9906	,9906

Abbildung 19, 30
Ableitung 58 f.
Ableitungsregeln 58
Abstand
– Punkt von Ebene 47
– Punkt von Gerade 35, 46
– windschiefer Geraden 46
Achsenabschnittsform 35
Achsenaffinität 37, 51
Additionssatz für
  Wahrscheinlichkeiten 71
Additionstheorem 26
affine Abbildung 50 ff.
affiner Punktraum 43
Ähnlichkeit 21
algebraische Kurve 55
allgemeingültig 9, 55
Alternativhypothese 80
Änderungsrate 28, 68
Appolonius – Kreis des 22
Äquivalenzrelation 30
Äquivalenzumformung 9
arithmetische Folge 5
arithmetisches Mittel 5, 69, 82
Assoziativgesetz 7, 31 f.
Asymptote 62
Aussagenlogik 33
Außenwinkel 14
äußeres Produkt 44

Barwert 6
Basis (Vektorraum) 42
Bayes – Formel von 71
bedingte
  Wahrscheinlichkeit 71
Bernoulli-Experiment 77
Bernoullische Ungleichung 60
berühren 64
beschränkt 54
Betrag
– einer komplexen Zahl 12
– einer reellen Zahl 55
– eines Vektors 42, 44
bijektiv 19, 30
Binomialkoeffizient 72
Binomialsatz 72
Binomialverteilung 77 ff.
binomische Formeln 8
Bogenlänge 66
Bogenmaß 25
Boolesche Algebra 32
Brennpunkt 39 f.
Bruchrechnen 4

Cavalieri – Prinzip von 24
charakteristische
  Gleichung 51
cos 25 ff.

de l'Hospital – Regel von 57
De Morgansche Gesetze 29, 33
Definitionsmenge 9, 30, 55
Determinante 10, 45, 50
Dichtefunktion 74
Differenzenquotient 58
Differenzial 58
Differenzialquotient 58
differenzierbar 58
Differenzmenge 29
Differenzialgleichung 68
Dimension 42
Disjunktion 33
diskrete Behandlung 28
diskrete Zufallsgröße 74
Distributivgesetz 7, 29, 32
divergent 54
Divisor 4
Dodekaeder 24
Drachenviereck 17
Drehkörpervolumen 66 f.
Drehstreckung 53
Drehung 20, 37
Dreieck 13 ff.
Dreiecksungleichung 14, 55
Durchschnittsmenge 29

Ebenendarstellungen 46 f.
Eigenvektor 51 ff.
Eigenwert 51 ff.
Einheitsmatrix 49
Einheitsvektor 44
Elementarereignis 70
Ellipse 38
Endwert 6
Entscheidungsregel 81
Ereignis 70
Erwartungswert 74 ff.
erweitern 4
Erzeugendensystem 42
euklidischer Vektorraum 42
Eulergerade 15
Eulersche Affinität 52
Eulersche Zahl 54
Eulerscher Polyedersatz 24
Exzentrizität 39

Faktor 4
Faktorregel 58
Fakultät 72
Fehler 1. Art 81
Feuerbachscher Kreis 15
Fixgerade 50
Fixpunkt 50
Flächeninhalt
– eines Dreiecks 14, 35
– eines Parallelogramms 17, 44
– von Vierecken 17
– zwischen Graphen 66
Fundamentalgrößen 42
Fundamentalsatz der Algebra 12
Funktion 30, 55 ff., 62

ganzrationale Funktion 55
Gaussklammer 55
Gegenereignis 70
geometrische Folge 5
gerade Funktion 62
Geradengleichungen 35, 45 f.
Geradenspiegelung 20
geradentreu 19
Gleichung 9 f.
– n-ten Grades 11 f.
– quadratische 11
Gleichungssystem 10
Gleichverteilung 76
Goldener Schnitt 22
Gradmaß 25
Graph 62
Grenze 54
Grenzwert
– bei Funktionen 56
– bei Zahlenfolgen 54
Grundmenge 9
Gruppe 31
Gütefunktion 81

Halbordnung 30, 33
Halbwertszeit 28
harmonische Punkte 22
Häufigkeit 69
Hauptsatz der Integralrechnung 65
Heron – Formel von 14
Hessesche Normalform 35, 47
Hochpunkt 63
Höhensatz 16
Horner'sches Schema 11

Hyperbel 39
hypergeometrisch 76
Hypotenuse 16

Idempotenzgesetz 33
identische Abbildung 31, 51
Ikosaeder 24
indirekte Schlussweise 34
injektiv 30
Inkreismittelpunkt 13, 15
inneres Produkt 42
Integral 64 ff.
– bestimmtes 66
– unbestimmtes 64
Integralfunktion 65
Integration 64 ff.
Intervall 56
Intervallschachtelung 55
inverse Matrix 49
inverses Element 7, 31
involutorisch 50
Iterationsverfahren 28, 60

Kapital 6
kartesisches Koordinaten-
    system 36, 44 f.
kartesisches Produkt 30
Kathete 16
Kathetensatz 16
Kegel 23
Kegelstumpf 23
Kehrbruch 4
Keplersche Fassregel 67
Kettenregel 58
kollinear 42
Kolmogoroff
– Axiomensystem von 70
Kombinatorik 72 f.
Kommutativgesetz 7, 32
komplanar 42
Komplementärmenge 29
komplexe Zahl 12
Kongruenzsätze 20
Konjunktion 33
Kontinuitätskorrektur 78
Kontrapositionsgesetz 34
konvergent 54
Koordinaten eines Vektors 42
Koordinatentransformation 36
Körper 32
Kosinus 25
Kosinussatz 14
Kotangens 25

Kreis 19, 38
Kreistangente 18, 38
Kreisteile 19
Kreuzprodukt 44
Krümmungsverhalten 64
Kugel 23, 48
Kugelabschnitt 23
Kugeldreieck 27
Kurvenuntersuchung 62 f.
kürzen 4

längentreu 19
Laplaxe-Experiment 72
leere Menge 29
Leitgerade 40
linear abhängig 42
linear unabhängig 41
lineare Abbildung 48 f.
lineare Hülle 41
Linearfaktor 11
Linearkombination 41
Linkskurve 63
Lipschitz-stetig 57
Logarithmen 9
Lösungsmenge 9
Ludoph'sche Zahl 19

Mantelfläche 23, 66 f.
Matrizenmultiplikation 49
Maxima
– absolutes 62
– relatives 62
Median 74
mehrstufiger Prozess 49
Mengenalgebra 29
Minuend 4
Mittelwertsatz
– der Differenzialrechnung 59
– der Integralrechnung 66
Mittelpunkt 35
Mittelpunktswinkel 18
Mittelwert 5, 69
Modalwert 69
Moivre – Formel von 12
Montonie
– bei Funktionen 62 f.
– bei Zahlenfolgen 54
Monotoniegesetze 7 ff.
Monotoniesatz – globaler 59
Multiplikand 4
Multiplikationssatz
    für Wahrscheinlichkeiten 71
Multiplikator 4

Nebenwinkel 13
Negation 33
Nenner 4
neutrales Element 7, 31
Newton-Verfahren 61
Norm 42
Normale 64
Normalenvektor 47
Normalverteilung 79
normierter Vektor 44, 47
Nullhypothese 80
Nullstelle 11, 62
Nullstellensatz 57
Nullteiler 32
numerische Integration 67

Obermenge 29
oder 33
Oktaeder 24
Ordnungsrelation 30
orthogonal 36, 43, 64
Orthonormalbasis 43
Ortsvektor 43

Parabel 40
– n-ter Ordnung 55
parallel 36, 46
parallelentreu 19
Parallelogramm 17, 44
Parallelschaltung 34
Parallelverschiebung 20, 37,
    53
Parameterdarstellung
– einer Ebene 46
– einer Geraden 45 f.
– eines Kreises 38
partielle Integration 64
Periode 26, 62
Permutation 73
Platonischer Körper 24
Poissonverteilung 78
Polare 38, 39
Polstelle 62
Polynom 11, 55
positiv definit 42
Potenzen 8
Potenzmenge 29
Potenzreihen 59
Primfaktorzerlegung 7
Prisma 23
Produkt 4
Produktintegration 64
Produktregel 58

Projektionssatz 22
Prozentrechnung 6
Punktspiegelung 37
Punkt-Steigungs-Form 36
Pyramide 23
Pyramidenstumpf 23
Pythagoras – Satz von 16

Quader 23
Quadrat 17
Qualitätskontrolle 81
Quotient 4
Quotientenregel 58

Raute 17
Rechteck 17
Rechtskurve 63
reflexiv 30
regelmäßiges Vieleck 18
Regula falsi 61
Relation 30
Rentenrechnung 6
Ring 32
Risiko 2. Art 81
Rolle – Satz von 59

Schaltalgebra 34
Schaubild 62
Scheitelkrümmungskreis 39, 40
Scherung 52
Schrägspiegelung 52
Schranke 54
Schrankensatz 59
Schubspiegelung 20
Schwerpunkt 15, 35
Schwingungsgleichungen 68
Sehnentangentenwinkel 18
Sehnenviereck 18
Seitenhalbierende 14 f.
Serienschaltung 34
Sicherheitswahrscheinlich-
  keit 80
Signifikanzniveau 80
Signum 55
Simpsonsche Formel 67
sin 25
singuläre Affinität 53
Sinuskurve 27
Sinussatz 14
Skalarmultiplikation 41

Skalarprodukt 42 f.
Spatprodukt 45
Stammfunktion 64 f.
Standardabweichung 69, 74
standardisieren 75
Standardskalarprodukt 43
Steigung 35, 58
stetig 57, 74
Stirlingsche Formel 72
Strahlensätze 22
Stufenwinkel 13
Subjunktion 33
Subtrahend 4
Summand 4
surjektiv 30
Symmetrieuntersuchung 62

tan 25 ff.
Tangenssatz 15
Tangentialebene 48
Tangente 18, 38 ff., 58 ff., 64
Tangentenviereck 18
Tautologie 34
Taylor – Satz von 59
Teilmenge 29
Teilverhältnis 22, 35, 44
teilverhältnistreu 19, 50
Term 9
testen 80 ff.
Tetraeder 24
Thales – Satz von 19
Tiefpunkt 63
Tilgungsrate 6
totale Wahrscheinlichkeit 71
transitiv 7, 30
Trapez 17
Trigonometrie 25 ff.
Tschebyscheff – Ungleichung
  von 76

Umfangswinkel 18
Umgebung 56
Umkehrabbildung 31, 49
Umkehrfunktion 60
Umkreismittelpunkt 14, 15
unabhängige
– Ereignisse 72
– Zufallsgrößen 75
ungerade Funktion 62
Ungleichung 14, 27, 60, 76

Untervektorraum 41
unvereinbar 71
Urnenmodell 76 f.

Varianz 69, 74
Variation 73
Vektorprodukt 44
Vektorraum 41
Vereinigungsmenge 29
verketten 31, 58
Verschiebungssatz 74 f.
Verschmelzungsgesetz 29, 33
Verteilungsfunktion 74 ff.
Vertrauensintervall 80
Verwerfungsbereich 80
Vielfachheit 11
Vieta – Satz von 11, 12
vollständige Induktion 55
Volumenberechnung 23 f.,
  66 f.

Waagepunkt 63
Wachstum 28, 68
Wahrheitswerte 33 f.
Wahrscheinlichkeitsfunktion 70
Wechselwinkel 13
Wendepunkt 63
windschief 46
Winkel zwischen
– Ebene und Gerade 47
– zwei Ebenen 47
– zwei Halbgeraden 47
Winkelhalbierende 14, 36
Winkelsumme 14
winkeltreu 19
Würfel 23 f.
Wurzel 8

Zahlen 3, 7, 12
Zahlenfolge 5, 54
Zähler 4
Zentraler Grenzwertsatz 80
zentrische Streckung 21, 52
Zerlegungsformel 58
Zinsrechnung 6
Zufallsgröße 74 ff.
Zufallsvariable 74 ff.
Zwei-Punkte-Form 36
Zwischenwertsatz 57
Zylinder 23

▪ Physikalische Größen im internationalen Einheitensystem (SI-System)

___ Größen aus der Mechanik ___

Physikalische Größe (Name)	Formel-Zeichen	Definitionsgleichung, physikalisches Gesetz	SI-Einheit Bemerkung
Länge; Weg; Radius	l; s; r	Basisgröße	m (Meter)
Flächeninhalt	A	$A = l^2$ (beim Quadrat)	m^2; $100\,m^2 = 1\,a$ (Ar)
Volumen	V	$V = l^3$ (beim Würfel)	m^3; $1\,dm^3 = 1\,l$ (Liter)
Zeit; Periodendauer	t; T	Basisgröße; $T = \dfrac{t}{n}$	s (Sekunde)
Frequenz	f	$f = \dfrac{1}{T}$; $f = \dfrac{\omega}{2\pi}$	$\dfrac{1}{s} = $ Hz (Hertz)
Geschwindigkeit	$\vec{v}$	$v = \dfrac{\Delta s}{\Delta t}$ für $\Delta t \to 0$; $v = \dot{s}$	$\dfrac{m}{s}$; $1\,\dfrac{m}{s} = 3{,}6\,\dfrac{km}{h}$
Beschleunigung	$\vec{a}$	$a = \dfrac{\Delta v}{\Delta t}$ für $\Delta t \to 0$; $\dot{v} = \ddot{s}$	$\dfrac{m}{s^2}$
Masse	m	Basisgröße	kg (Kilogramm; $1000\,kg = 1\,t$ (Tonne)
Dichte (Stoff homogen)	ϱ	$\varrho = \dfrac{m}{V}$	$\dfrac{kg}{m^3}$; $1000\,\dfrac{kg}{m^3} = 1\,\dfrac{t}{m^3} = 1\,\dfrac{kg}{dm^3} = 1\,\dfrac{g}{cm^3}$
Kraft	$\vec{F}$	$F = m \cdot a$; $F = \dfrac{\Delta p}{\Delta t}$ für $\Delta t \to 0$	$\dfrac{kg\,m}{s^2} = $ N (Newton)
Gewichtskraft	$\vec{G}$	$G = m \cdot g$	N; $g \approx 9{,}81\,\dfrac{m}{s^2}$; $g_n = 9{,}80665\,\dfrac{m}{s^2}$
Federkonstante	D	$D = \dfrac{F}{s}$	$\dfrac{N}{m} = \dfrac{kg}{s^2}$
Impuls	$\vec{p}$	$p = m \cdot v$; $\Delta p = F \cdot \Delta t$	$\dfrac{kg\,m}{s} = $ Ns
Arbeit	W	$W = F \cdot s \cdot \cos\alpha$; $dW = \vec{F} \cdot d\vec{s}$	Nm = Ws = $\dfrac{kg\,m^2}{s^2} = $ J (Joule)
Leistung	P	$P = \dfrac{\Delta W}{\Delta t}$ für $\Delta t \to 0$; $P = \vec{F} \cdot \vec{v}$	$\dfrac{J}{s} = \dfrac{Nm}{s} = \dfrac{kg\,m^2}{s^3} = $ W (Watt)
Druck	p	$p = \dfrac{F_n}{A}$; $p_{hy} = \varrho \cdot g \cdot h$	$\dfrac{N}{m^2} = \dfrac{kg}{m\,s^2} = $ Pa (Pascal)
ebener Winkel; Drehwinkel	$\vec{\varphi}$	$\varphi = \dfrac{b}{r}$	$\dfrac{m}{m} = 1$ rad (Radiant); 1 rad $= \dfrac{360°}{2\pi}$
Winkelgeschwindigkeit	$\vec{\omega}$	$\omega = \dfrac{\Delta\varphi}{\Delta t}$ für $\Delta t \to 0$; $\omega = \dot{\varphi}$	$\dfrac{rad}{s}$ auch $\dfrac{1}{s}$
Winkelbeschleunigung	$\vec{\alpha}$	$\alpha = \dfrac{\Delta\omega}{\Delta t}$ für $\Delta t \to 0$; $\alpha = \dot{\omega}$	$\dfrac{rad}{s^2}$ auch $\dfrac{1}{s^2}$
Zentripetalkraft	$\vec{F}_z$	$F_z = m \cdot a_z = \dfrac{m \cdot v^2}{r} = m\omega^2 r$	$N = \dfrac{kg\,m}{s^2}$
Drehmoment	$\vec{M}$	$M = r \cdot F \cdot \sin\alpha$; $M = J \cdot \alpha$	Nm $= \dfrac{kg\,m^2}{s^2}$
Trägheitsmoment	J	$J = \sum\limits_{i}^{K} r_i^2 m_i$; $J = \int r^2\,dm$	$kg\,m^2$
Drehimpuls	$\vec{L}$	$L = J \cdot \omega$	$\dfrac{kg\,m^2}{s} = $ Nms

Größen aus der Wärmelehre

Temperatur (absolute)	T	Basisgröße	K (Kelvin)
Celsiustemperatur	ϑ	$\vartheta = T\,\dfrac{°C}{K} - 273{,}15\,°C;$ $\Delta\vartheta = \Delta T$	°C (Grad Celsius); $°C = K$
Wärmemenge	Q	$Q = c \cdot m \cdot \Delta T$	J (Joule)
spez. Wärmekapazität	c	$c = \dfrac{Q}{m \cdot \Delta T}$	$\dfrac{J}{kg\,K} = \dfrac{m^2}{s^2\,K}$
Universelle Gaskonstante	R	$R = \dfrac{p \cdot V}{v \cdot T}$ (ideales Gas)	$\dfrac{Pa \cdot m^3}{mol \cdot K} = \dfrac{J}{K \cdot mol}$
Längenausdehnungskoeffizient	α	$\alpha = \dfrac{\Delta l}{l_0 \cdot \Delta T}$	$\dfrac{1}{K}$

Größen aus der Optik

Brennweite einer Linse	f	$\dfrac{1}{f} = \dfrac{1}{g} + \dfrac{1}{b}$ (Linsengleichung)	m; g: Gegenstandsweite b: Bildweite
Brechkraft einer Linse	D	$D = \dfrac{1}{f}$	$\dfrac{1}{m} = dpt$ (Dioptrie)
Raumwinkel	Ω	$\Omega = \dfrac{A}{r^2}$	$\dfrac{m^2}{m^2} = 1\,sr$ (Steradiant)
Lichtstärke	I_v	Basisgröße	cd (Candela)
Beleuchtungsstärke	E_v	$E_v = \dfrac{I_v \cdot \Omega}{A}$	$\dfrac{cd \cdot sr}{m^2} = lx$ (Lux)
Wellenlänge	λ	Basisgröße Länge	m
Wellenausbreitungsgeschwindigkeit	$\vec{c}$	$c = \lambda \cdot f$	$\dfrac{m}{s}$

Größen aus der Elektrizitätslehre

elektr. Stromstärke	I	Basisgröße; $I = \dot{Q} = \lim\limits_{\Delta t \to 0} \dfrac{\Delta Q}{\Delta t}$	A (Ampere)
elektr. Ladung	$Q;\ q$	$Q = I \cdot t;\ dQ = I \cdot dt$	$As = C$ (Coulomb)
elektr. Feldstärke	$\vec{E}$	$E = \dfrac{F}{q};\ E = \dfrac{\Delta U}{\Delta s}$	$\dfrac{N}{C} = \dfrac{V}{m};$ q: Probeladung
elektr. Flußdichte (Flächendichte σ)	$\vec{D};\ \vec{\sigma}$	$\sigma = \dfrac{Q}{A};\ D = \varepsilon_0\,\varepsilon_r\,E$	$\dfrac{C}{m^2};$ ε_0: elektr. Feldkonstante ε_r: Dielektrizitätszahl
elektr. Spannung	U	$U_{AB} = \dfrac{W_{AB}}{Q} = \displaystyle\int_A^B \vec{E} \cdot d\vec{s}$	$\dfrac{J}{C} = \dfrac{W}{A} = \dfrac{kg\,m^2}{s^3\,A} = V$ (Volt)
elektr. Arbeit des Stromes	W	$W = U \cdot Q = U \cdot I \cdot t;$ $dW = U \cdot I \cdot dt$	J (Joule)
elektr. Leistung	P	$P = \dot{W} = \lim\limits_{\Delta t \to 0} \dfrac{\Delta W}{\Delta t};\ P = U \cdot I$	$\dfrac{J}{s} = W$ (Watt)
Ohmscher Widerstand	R	$R = \dfrac{U}{I}$	$\dfrac{V}{A} = \dfrac{kg\,m^2}{s^3\,A^2} = \Omega$ (Ohm)

Leitwert	G	$G = \dfrac{1}{R} = \dfrac{I}{U}$	$\dfrac{A}{V} = \dfrac{1}{\Omega} = S$ (Siemens)
Spez. Widerstand eines Drahtes	ϱ	$\varrho = R\,\dfrac{A}{l}$	$\Omega m;\ 1\,\Omega m = 10^6\,\dfrac{\Omega\,mm^2}{m}$
Kapazität	C	$C = \dfrac{Q}{U}$	$\dfrac{C}{V} = \dfrac{A^2\,s^4}{kg\,m^2} = F$ (Farad)
magn. Flussdichte	$\vec{B}$	$B = \dfrac{F}{I \cdot s \cdot \sin\varphi};\ F_L = q(\vec{v} \times \vec{B})$	$\dfrac{N}{A\,m} = \dfrac{V\,s}{m^2} = \dfrac{kg}{s^2 A} = T$ (Tesla)
magn. Feldstärke	$\vec{H}$	$H = I_{err}\,\dfrac{n}{l}$ (in langer Spule)	$\dfrac{A}{m}$
Permeabilitätszahl	μ_r	$B = \mu_0\,\mu_r\,H$	μ_0: magn. Feldkonstante
magn. Fluss	Φ	$\Phi = B \cdot A \cdot \cos\varphi = B \cdot A_s$ $\Delta\Phi = U_{ind}\,\Delta t$	$V\,s = Wb$ (Weber)
induzierte Spannung	U_{ind}	$U_{ind} = B \cdot d \cdot v \cdot \cos\varphi$ $U_{ind} = -n\dot{\Phi}$	V
Induktivität	L	$L = -\dfrac{U_{ind}}{\dot{I}}$ mit $\dot{I} = \lim\limits_{\Delta t \to 0}\dfrac{\Delta l}{\Delta t}$	$\dfrac{V\,s}{A} = \dfrac{kg\,m^2}{s^2 A^2} = H$ (Henry)

Zur Aktivität radioaktiver Substanzen

Aktivität	A	$A = \dfrac{\Delta N}{\Delta t}$ für $\Delta t \to 0$	$\dfrac{1}{s} = Bq$ (Becquerel); 1 Curie $= 3{,}7 \cdot 10^{10}\,Bq$
Energiedosis	K	$K = \dfrac{\Delta W}{\Delta m}$	$\dfrac{J}{kg} = Gy$ (Gray); 1 Rad (rd) $= 0{,}01\,Gy$
Ionendosis	J	$J = \dfrac{\Delta Q}{\Delta m}$	$\dfrac{C}{kg} = Sv$ (Sievert); 1 Röntgen $= 2{,}58 \cdot 10^{-4}\,Sv$

Maßgebend für die biolog. Wirkung:
Äquivalentdosis (früher in Rem) = K (in Rad) mal Qualitätsfaktor.
Typ. Qualitätsfaktoren: Elektronen 1; Gammastrahlung 1; Neutronen 3 bis 10, α-Teilchen 10 bis 20.

Vorsilben für dezimale Vielfache und Teile von Einheiten

10^{-18}	10^{-15}	10^{-12}	10^{-9}	10^{-6}	10^{-3}	10^{-2}	10^{-1}	10^1	10^2	10^3	10^6	10^9	10^{12}
a	f	p	n	µ	m	c	d	da	h	k	M	G	T
Atto	Femto	Pico	Nano	Mikro	Milli	Zenti	Dezi	Deka	Hekto	Kilo	Mega	Giga	Tera

Beispiele: $3\,km = 3 \cdot 10^3\,m$ (drei Kilometer); $2\,M\Omega = 2 \cdot 10^6\,\Omega$ (zwei Megaohm);
$\qquad\qquad 5\,nm = 5 \cdot 10^{-9}\,m$ (fünf Nanometer).

Weitere Einheiten

Länge	1 inch (Zoll) $= 0{,}02540\,m$; 1 foot $= 0{,}3048\,m$; 1 yard $= 0{,}9144\,m$; 1 mile $= 1609{,}344\,m$
Kraft	Kilopond: $1\,kp = 9{,}80665\,N \approx 9{,}81\,N$; $1\,dyn = 1 \cdot 10^{-5}\,N$
Energie	Kalorie: $1\,cal = 4{,}1868\,J = 0{,}42694\,kp\,m$; $1\,J = 0{,}23884\,cal$
	Elektronenvolt: $1\,eV = 1{,}60219 \cdot 10^{-19}\,J$; $1\,J = 6{,}2415 \cdot 10^{18}\,eV$
Leistung	Pferdestärke: $1\,PS = 75\,kp\,m\,s^{-1} = 632{,}45\,kcal\,h^{-1} = 735{,}50\,W$

Einige instabile (radioaktive) Nuklide mit den Halbwertszeiten T

freies Neutron	$^1_0 n$	$T = 10,6\ \text{m}$	$\beta^-(0,8\ \text{MeV})$
Tritium	$^3_1 H$	$T = 12,323\ \text{a}$	$\beta^-(0,02\ \text{MeV})$
Kohlenstoff	$^{14}_6 C$	$T = 5730\ \text{a}$	$\beta^-(0,2\ \text{MeV})$; keine γ-Strahlung
Cäsium	$^{137}_{55} Cs$	$T = 30,17\ \text{a}$	$\beta^-(0,5\ \text{MeV};\ 1,2\ \text{MeV})$;
Polonium	$^{214}_{84} Po$	$T = 164\ \mu s$	$\alpha(7,6869\ \text{MeV})$; $\gamma(800\ \text{keV};\ 298\ \text{keV})$
Thoron	$^{220}_{86} Rn$	$T = 55,6\ \text{s}$	$\alpha(6,288\ \text{MeV})$; $\gamma(550\ \text{keV})$
Radium	$^{226}_{88} Ra$	$T = 1600\ \text{a}$	$\alpha(4,78438\ \text{MeV};\ 4,6017\ \text{MeV})$; $\gamma(186\ \text{keV};\ 262\ \text{keV})$
Uran	$^{235}_{92} U$	$T = 7,038 \cdot 10^8\ \text{a}$	$\alpha(4,400\ \text{MeV})$; Spontanspaltung $\gamma(186\ \text{keV})$
Uran	$^{238}_{92} U$	$T = 4,468 \cdot 10^9\ \text{a}$	$\alpha(4,197\ \text{MeV})$; Spontanspaltung $\gamma(50\ \text{keV})$
Plutonium	$^{239}_{94} Pu$	$T = 2,411 \cdot 10^4\ \text{a}$	$\alpha(5,157\ \text{MeV};\ 5,144\ \text{MeV})$; Spontanspaltung $\gamma\ (52\ \text{keV})$

Physikalische Konstanten (Naturkonstanten)

Die in Klammer beigegebene Zahl gibt die Unsicherheit an; es handelt sich um die Standardabweichung, ausgedrückt in Einheiten der letzten Ziffer des angegebenen Wertes der Konstanten.

Beispiel: $f = 6,6720(41) \cdot 10^{-11}\ \text{N}\,\text{m}^2\,\text{kg}^{-2}$ steht für $f = (6,6720 \pm 0,0041) \cdot 10^{-11}\ \text{N}\,\text{m}^2\,\text{kg}^{-2}$

Mechanik

Gravitationskonstante $\qquad f = 6,6720(41) \cdot 10^{-11}\ \text{N}\,\text{m}^2\,\text{kg}^{-2} = 6,6720(41) \cdot 10^{-11}\ \text{m}^3\,\text{kg}^{-1}\text{s}^{-2}$

Vakuumlichtgeschwindigkeit $\quad c = 2,99792458(1) \cdot 10^8\ \text{m}\,\text{s}^{-1}$

Wärmelehre

Normbedingungen (NB): Normtemperatur $\quad T_n = 273,15\ \text{K} = 0\,°\text{C}$, Normdruck $p_n = 101325\ \text{Pa}$

Molvolumen idealer Gase bei NB $\qquad V_{mn} = 22,41383(70) \cdot 10^{-3}\ \text{m}^3 \cdot \text{mol}^{-1}$

Molare (universelle) Gaskonstante $\qquad R = 8,31441(26)\ \text{J}\,\text{K}^{-1}\text{mol}^{-1}$

Avogadro-Konstante (Loschmidtsche Zahl) $N_A = 6,022045(31) \cdot 10^{23}\ \text{mol}^{-1}$

Boltzmann-Konstante $\qquad k = R : N_A = 1,380662(44) \cdot 10^{-23}\ \text{J}\,\text{K}^{-1}$

Stefan-Boltzmann-Konstante $\qquad \sigma = 5,67032(71) \cdot 10^{-8}\ \text{W}\,\text{m}^{-2}\text{K}^{-4}$

Elektrizitätslehre

Faraday-Konstante $\qquad F = N_A \cdot e = 96484,56(27)\ \text{C}\,\text{mol}^{-1}$

Elektrische Feldkonstante $\quad \varepsilon_0 = \mu_0^{-1}c^{-2} = 8,854187818(71) \cdot 10^{-12}\ \text{A}\,\text{s}\,\text{V}^{-1}\text{m}^{-1}$

Magnetische Feldkonstante $\quad \mu_0 = 4\pi \cdot 10^{-7}\ \text{V}\,\text{s}\,\text{A}^{-1}\text{m}^{-1} = 1,256637 \cdot 10^{-6}\ \text{V}\,\text{s}\,\text{A}^{-1}\text{m}^{-1}$

Atomphysik

Atomare Masseneinheit $\qquad 1\,\text{u} = 1 : N_A = 1,6605655(86) \cdot 10^{-27}\ \text{kg} \cong 931,5016(26)\ \text{MeV}$

Ruhemasse des Elektrons $\quad m_e = 9,109534(47) \cdot 10^{-31}\ \text{kg} \cong 0,5110034(14)\ \text{MeV}$

$\qquad$ des Protons $\quad m_p = 1,6726485(86) \cdot 10^{-27}\ \text{kg} \cong 938,2796(27)\ \text{MeV}$; $m_p = 1836,15\ m_e$

$\qquad$ des Neutrons $\quad m_n = 1,6749543(86) \cdot 10^{-27}\ \text{kg} \cong 939,5731(27)\ \text{MeV}$; $m_n = 1838,68\ m_e$

Elementarladung $\qquad e = 1,6021892(46) \cdot 10^{-19}\ \text{C}$

Plancksches Wirkungsquant $\quad h = 6,626176(36) \cdot 10^{-34}\ \text{J}\,\text{s}$

Rydberg-Konstanten $\qquad R_\infty = 1,097373177(83) \cdot 10^7\ \text{m}^{-1}$; $R_H = 1,0967758(1) \cdot 10^7\ \text{m}^{-1}$

Feinstruktur-Konstante $\qquad \alpha = 7,2973506(60) \cdot 10^{-3}$

Comptonwellenlänge $\qquad \lambda_C = 2,4263089(40) \cdot 10^{-12}\ \text{m}$

Bohrscher Radius $\qquad a_0 = 5,2917706(44) \cdot 10^{-11}\ \text{m}$

■ **Aus der Astronomie**

───── **Astronomische Längen und Zeiten** ─────

Astronomische Einheit: $1\,\text{AE} = 1{,}4959787 \cdot 10^8\,\text{km} = 1{,}5812507 \cdot 10^{-5}\,\text{LJ} = 4{,}8381369 \cdot 10^{-6}\,\text{pc}$

Lichtjahr: $\quad\quad\quad\; 1\,\text{LJ} = 9{,}4607304 \cdot 10^{12}\,\text{km} = 0{,}30660140\,\text{pc} = 6{,}3241077 \cdot 10^4\,\text{AE}$

Parsec: $\quad\quad\quad\;\; 1\,\text{pc} = 3{,}0856775 \cdot 10^{13}\,\text{km} = 3{,}2615637\,\text{LJ} = 2{,}0626480 \cdot 10^5\,\text{AE};$

$$1\,\text{pc} = \frac{1\,\text{AE}}{\sin 1''}$$

tropisches Jahr: $\quad\;\; 1\,\text{a} \approx 365{,}2422\,\text{d} \approx 31556926\,\text{s}$ (Bezugspunkt ist der Frühlingspunkt)

siderisches Jahr: $\quad\;\;\;\; 365{,}2564\,\text{d} \approx 31558152\,\text{s}$ (Bezugspunkt ist ein Fixstern)

mittlerer Sonnentag: $\; 1\,\text{d} = 24\,\text{h} = 86400\,\text{s} = 1{,}0027379$ Sterntage

───── **Sonne** ☉ ─────

Radius	696000 km	Scheinbarer Radius	Max 16′18″; Min 15′46″
Oberfläche	$6{,}087 \cdot 10^{12}\,\text{km}^2$	Neigung des Sonnenäquators gegen	
Volumen	$1{,}412 \cdot 10^{18}\,\text{km}^3$	die Ekliptik	7°15′
Masse	$1{,}9891 \cdot 10^{30}\,\text{kg}$	Horizontalparallaxe	8,794148″
Mittlere Dichte	$1{,}41\,\text{g cm}^{-3}$	Scheinbare visuelle Helligkeit	$-26{.}^{\text{m}}78$
Schwerebeschleunigung	$274\,\text{m s}^{-2}$	Absolute visuelle Helligkeit M	+4,79
Entweichgeschwindigkeit	$618\,\text{km s}^{-1}$	Spektralklasse	G 2 V
Oberflächentemperatur	5535 °C	Gesamtstrahlungsleistung	$4{,}2 \cdot 10^{26}\,\text{W}$
Zentraltemperatur	$2 \cdot 10^7\,°\text{C}$	Massenabnahme	$5 \cdot 10^9\,\text{kg s}^{-1}$
Zentraldruck	$2{,}17 \cdot 10^{16}\,\text{Pa}$	Strahlungsintensität in Erd-	
Siderische Rotationsdauer		entfernung (Solarkonstante)	$1{,}395 \cdot 10^3\,\text{W m}^{-2}$
(Breite 16°)	25,380 d		

Entfernung zum nächsten Fixstern (Proxima Centauri) 4,27 LJ

Anzahl der Nukleonen in der Sonne $1{,}18 \cdot 10^{57}$

───── **Erde** ⊕ ─────

Mittlerer Äquatorradius	6378,388 km	Schiefe der Ekliptik im Jahre 2000	
Polradius	6356,912 km	(jährliche Abnahme 0,47″)	23°26′21″,45
Äquatorumfang	40077 km	Nutationskonstante	9,2109″
Mittlere Längenkreisminute		Aberrationskonstante	20,4955″
(Seemeile)	1,852 km	Rotationsgeschwindigkeit am	
Oberfläche	$5{,}10101 \cdot 10^8\,\text{km}^2$	Äquator	$465{,}12\,\text{m s}^{-1}$
Volumen	$1{,}08332 \cdot 10^{12}\,\text{km}^3$	Zentrifugalbeschleunigung am	
Masse	$5{,}9742 \cdot 10^{24}\,\text{kg}$	Äquator	$-3{,}392\,\text{cm s}^{-2}$
mittlere Dichte	$5{,}515\,\text{g cm}^{-3}$	Exzentrizität der Bahn	0,016736
mittlere Dichte nahe der		Mittlere Bahngeschwindigkeit	$29{,}79\,\text{km s}^{-1}$
Oberfläche	$2{,}60\,\text{g cm}^{-3}$		

Schwerebeschleunigung: Pol: $9{,}8322\,\text{m s}^{-2}$; Normwert (45°): $9{,}80665\,\text{m s}^{-2}$; Äquator: $9{,}7805\,\text{m s}^{-2}$

Hauptgruppen des Periodensystems

238,029 Standard-Atommasse bezogen auf das Kohlenstoff-Isotop ^{12}C (relative Atommasse der natürlich vorkommenden Isotopenmischung in atomaren Masseneinheiten u, 1 u = 1,660566 · 10^{-27} kg)
Alle Isotope sind instabil.
Nukleonenzahl des Isotops mit der längsten Halbwertszeit
Ordnungszahl ist die Anzahl der Protonen und der Elektronen.
Anzahl der Elektronen in den beiden äußersten Schalen.
Hier: 9 Elektronen in der P-Schale, 2 Elektronen in der Q-Schale und somit (92-2-8-18-32-9-2) Elektronen = 21 Elektronen in der O-Schale.

Beispiel:

238,029	(238)	
*U	92	9/2
92	Uran	

Hauptgruppen — Format je Zelle: Atommasse, Symbol, Ordnungszahl, Elektronen (äußere Schalen), Name

Schale	I	II	III	IV	V	VI	VII	VIII
K	1,0079 **H** 1 (1) Wasserstoff							4,00260 **He** 2 (2) Helium
L	6,941 **Li** 3 (2/1) Lithium	9,01218 **Be** 4 (2/2) Beryllium	10,81 **B** 5 (2/3) Bor	12,011 **C** 6 (2/4) Kohlenstoff	14,0067 **N** 7 (2/5) Stickstoff	15,9994 **O** 8 (2/6) Sauerstoff	18,9984 **F** 9 (2/7) Fluor	20,179 **Ne** 10 (2/8) Neon
M	22,9898 **Na** 11 (8/1) Natrium	24,305 **Mg** 12 (8/2) Magnesium	26,9815 **Al** 13 (8/3) Aluminium	28,0855 **Si** 14 (8/4) Silicium	30,9738 **P** 15 (8/5) Phosphor	32,06 **S** 16 (8/6) Schwefel	35,453 **Cl** 17 (8/7) Chlor	39,948 **Ar** 18 (8/8) Argon
N	39,098 **K** 19 (8/1) Kalium	40,08 **Ca** 20 (8/2) Calcium	69,72 **Ga** 31 (18/3) Gallium	72,59 **Ge** 32 (18/4) Germanium	74,922 **As** 33 (18/5) Arsen	78,96 **Se** 34 (18/6) Selen	79,904 **Br** 35 (18/7) Brom	83,80 **Kr** 36 (18/8) Krypton
O	85,468 **Rb** 37 (8/1) Rubidium	87,62 **Sr** 38 (8/2) Strontium	114,82 **In** 49 (18/3) Indium	118,710 **Sn** 50 (18/4) Zinn	121,75 **Sb** 51 (18/5) Antimon	127,60 **Te** 52 (18/6) Tellur	126,905 **I** 53 (18/7) Jod	131,29 **Xe** 54 (18/8) Xenon
P	132,905 **Cs** 55 (8/1) Cäsium	137,33 **Ba** 56 (8/2) Barium	204,383 **Tl** 81 (18/3) Thallium	207,2 **Pb** 82 (18/4) Blei	208,980 **Bi** 83 (18/5) Wismut	(209) ***Po** 84 (18/6) Polonium	(210) ***At** 85 (18/7) Astatin	(222) ***Rn** 86 (18/8) Radon
Q	(223) ***Fr** 87 (8/1) Francium	226,025 (226) ***Ra** 88 (8/2) Radium						

Nebengruppen

	IIIa	IVa	Va	VIa	VIIa	VIIIa	VIIIa	VIIIa	Ia	IIa
N	44,956 **Sc** 21 (9/2) Scandium	47,88 **Ti** 22 (10/2) Titan	50,941 **V** 23 (11/2) Vanadium	51,996 **Cr** 24 (13/1) Chrom	54,938 **Mn** 25 (13/2) Mangan	55,847 **Fe** 26 (14/2) Eisen	58,933 **Co** 27 (15/2) Kobalt	58,69 **Ni** 28 (16/2) Nickel	63,546 **Cu** 29 (18/1) Kupfer	65,39 **Zn** 30 (18/2) Zink
O	88,906 **Y** 39 (9/2) Yttrium	91,224 **Zr** 40 (10/2) Zirkonium	92,906 **Nb** 41 (12/1) Niob	95,94 **Mo** 42 (13/1) Molybdän	(98) ***Tc** 43 (13/2) Technetium	101,07 **Ru** 44 (15/1) Ruthenium	102,906 **Rh** 45 (16/1) Rhodium	106,42 **Pd** 46 (18/0) Palladium	107,868 **Ag** 47 (18/1) Silber	112,41 **Cd** 48 (18/2) Cadmium
P	**La** 57 bis 71	178,49 **Hf** 72 (10/2) Hafnium	180,948 **Ta** 73 (11/2) Tantal	183,85 **W** 74 (12/2) Wolfram	186,207 **Re** 75 (13/2) Rhenium	190,2 **Os** 76 (14/2) Osmium	192,22 **Ir** 77 (15/2) Iridium	195,08 **Pt** 78 (17/1) Platin	196,967 **Au** 79 (18/1) Gold	200,59 **Hg** 80 (18/2) Quecksilber
Q	**Ac** 89 bis 103	(261) ***Ku** 104 (10/2) Kurtschatovium	(262) ***Ha** 105 (11/2) Hahnium	(263) ***Unh** 106 Unnilhexium	(262) ***Uns** 107 Unnilseptium					

Lanthaniden

138,906 **La** 57 (9/2) Lanthan	140,12 **Ce** 58 (8/2) Cer	140,908 **Pr** 59 (9/2) Praseodym	144,24 **Nd** 60 (8/2) Neodym	(145) ***Pm** 61 (8/2) Promethium	150,36 **Sm** 62 (8/2) Samarium	151,95 **Eu** 63 (8/2) Europium	157,25 **Gd** 64 (9/2) Gadolinium	158,925 **Tb** 65 (8/2) Terbium	162,50 **Dy** 66 (8/2) Dysprosium	164,930 **Ho** 67 (8/2) Holmium	167,26 **Er** 68 (8/2) Erbium	168,934 **Tm** 69 (8/2) Thulium	173,04 **Yb** 70 (8/2) Ytterbium	174,967 **Lu** 71 (9/2) Lutetium

Actiniden

227,028 (227) ***Ac** 89 (9/2) Actinium	232,038 (232) ***Th** 90 (10/2) Thorium	231,036 (231) ***Pa** 91 (9/2) Protactinium	238,029 (238) ***U** 92 (9/2) Uran	237,048 (237) ***Np** 93 (9/2) Neptunium	(244) ***Pu** 94 (8/2) Plutonium	(243) ***Am** 95 (8/2) Americium	(247) ***Cm** 96 (9/2) Curium	(247) ***Bk** 97 (9/2) Berkelium	(251) ***Cf** 98 (9/2) Californium	(252) ***Es** 99 (9/2) Einsteinium	(257) ***Fm** 100 (9/2) Fermium	(258) ***Md** 101 (9/2) Mendelevium	(259) ***No** 102 (9/2) Nobelium	(260) ***Lr** 103 (9/2) Lawrencium